JN154434

いきもの寿命(じゅみょう)ずかん

コドモからオトナまで楽(たの)しめる
「動物(どうぶつ)たちの生(い)き様(ざま)カタログ」

新宅 広二 著
イシダコウ イラスト

東京書籍

はじめに

よく『生まれ変わったら、○○になりたいなぁ』というセリフを耳にします。それが動物であれば、ものすごい強い獣であったり、空を思いっきり飛べる鳥であったり、海を自由に泳ぎ回る魚であったりと、人間では味わえない世界の魅力が、必ずそこにあることでしょう。

本書では、よくある図鑑に載っている数字や説明だけでは、伝わりにくい動物たちの一生、つまり〝生き様〟の一端が感じられるエピソードをまとめてみました。動物ごとの生きる楽しみや、やりがい、ストレスなどをカタログのように示してみたので、その動物になりきった場合の世界を、みなさんで想像して、楽しんでみてください。

紙面には書き切れない情報がたくさんありますが、顕微鏡で見ないとわからないような小さな生き物から、地球最大の生き物＝クジラまで、どんな生き物にも子ども時代や老いがあります。長寿の動物は、長い間にいろいろなことを経験し、短命の動物は、中身の濃い生き方をしています。そこには親との思い出、友達との遊び、恋愛、子育て、何気ない1日、そして死…。死なない生物はいないので、多かれ少なかれ、私たちと同じようなスゴい一生を送っていることでしょう。

動物たちも運悪く短命に死んでしまうこともあれば、びっくりするほど元気に長生きすることもあります。しかし、明日、無事に生きているか、どうなるかわからない不安はみな同じです。そんな動物たちを見ていると、今日という瞬間をとても一生懸命生きているように見えます。

だから私たちも、自分の身に何が起こるか、おびえて生きるのではなく、短くても、長くても、たった一度のどんな〝生き様〟だったのかを、悲喜交々、もっと楽しもうじゃありませんか！

もくじ

この本の見かた

保全状況（IUCNレッドデータ）
現在の生息数の危機的状況のレベルを表したもの。
絶滅……… 絶滅(EX)、野生絶滅(EW)
絶滅危惧… 絶滅寸前(CR)、絶滅危惧(EN)、危急(VU)
低リスク … 保全対策依存(CD)、準絶滅危惧(NT)、低危険種(LC)
その他…… データ不足(DD)、未評価(NE)
分類名
学名
アルダブラゾウガメ VU
Aldabrachelys gigantea
爬虫類 カメ目リクガメ科
生息地
セーシェル諸島
寿命
200年
1回の産仔数・産卵数 15
寿命までの生存率(%) 0.1%
ストレス・苦手・不安 熱中症
美しい島でまったり散歩を200年する生き方
200年後、何しようか、100年くらいかけて考えようかな。
1年以下
2年〜5年
5年〜10年
10年〜20年

凡例・補足説明

寿命について

○本書では、寿命を卵から孵化した時、または母親から生まれた時から死ぬまでの期間としました。生物によっては、環境悪化により卵で数年過ごしたり、胎生でも受精卵の状態で長期間胎児の発生をとめたりできるものもいます。微生物など環境悪化に対応した仮死状態で長期間休眠するようなものも、寿命の長さから外しました。

○飼育下での最長記録ではなく、一般的な野生の寿命と考えられる目安の数字を寿命として表してみました。

○気温や食料源、天敵の有無が異なるので、同じ種でも生息地域によっても寿命は大きく変わります。

○将来、研究や調査が進み新たな事実がわかると、その値が変わると思われます。

産仔数・産卵数について

○メスの栄養状態、季節などでも、その数は大きく変わります。さらに産卵・出産回数は、1年に数回産むものから、数年おきに産むものまで、種によって異なります。

寿命までの生存率

○産仔数・産卵数から、寿命まで生き残れる割合を総合的に判断した目安数値としました。

ストレス・苦手・不安

○数多くあるものから、代表的なものをひとつあげています。

○人間の活動は除外しています。

分類について

○分類は現在世界中で最も広く使われている形態を比較するものを採用しています。新しい分子生物学的分類も始まっていますが、検証がすすむまでは、従来型で統一しています。

用語について

○用語に関しては、できるだけ専門用語を排除してみましたが、ところどころ面白い専門用語はあえて入れてみました。疑問に思ったことがあれば、学名、分類名をのせましたので、さらに詳しく専門書で調べてみてください。

寿命

200年

【アルダブラゾウガメ VU】

Aldabrachelys gigantea

爬虫類　カメ目リクガメ科

生息地

セーシェル諸島

1回の産仔数・産卵数	寿命までの生存率(%)	ストレス・苦手・不安
15	0.1%	熱中症

美しい島でまったり散歩を200年する生き方

200年後、何しようか、100年くらいかけて考えようかな。

アフリカの東側にあるセーシェル諸島に暮らすアルダブラゾウガメ。サンゴ礁が隆起してできたアルダブラ環礁は、『青い宝石箱の中の真珠のネックレス』に例えられるほどの美しい自然環境！　もちろん世界遺産。上陸には許可が要るので、保護官以外の人間は住んでいないのも魅力。ここに仲間が15万頭以上いるので、とりあえず寂しくはない。オスが大声を上げる情熱的な求愛で恋に落ち、15個前後の卵を産む。豊富にある草や枝葉を食べて1日5㎝ずつ成長し、甲長140㎝体重300kgまで成長する。255年の飼育記録があるが、150歳級なら珍しくもない。大きく成長すると天敵もいないので、200歳越えも夢ではない。大型なので熱がこもりやすく、死因の1位は熱中症。また地震で大津波が起これば、一夜で絶滅する。

1年以下 / 2年〜5年 / 5年〜10年 / 10年〜20年 / 20年〜30年 / 30年〜40年 / 40年〜60年 / 60年〜80年 / 100年超

寿命
200年

生息地

【 オンデンザメ DD 】
Somniosus pacificus
魚類 ツノザメ目オンデンザメ科

1回の産仔数・産卵数	不明	寿命までの生存率(%)	不明	ストレス・苦手・不安	目の寄生虫

深海の秘密の場所を知り尽くした生き方

温帯から寒帯の海に生息。寒い海域は海面でも泳ぐが、温帯では深海2000m付近を泳いでいる。人間の目では水深400mで完全に光を感じることができなくなるが、深海生物は何らかの光を感知できているらしいので、我々とは違った世界を見ているはず。水族館でも飼育不可能で、繁殖メスがいまだ発見されていないことから、どうやってコドモを残しているかは謎。オトナになるまでに150年はかかると考えられており、寿命も定かではないが200年以上は生きると考えられている。深海の海底は暗いので、口に入るものは何でも食べ、それをゆっくり探すのが楽しみになっている。深海は深海魚だけでなく、クジラやホッキョクグマの死体が沈んでいることもあり、それを食べる。天敵がおらず、温度変化も少ない深海は意外に快適。

1年以下
2年〜5年
5年〜10年
10年〜20年
20年〜30年
30年〜40年
40年〜60年
60年〜80年
100年超

【ハオリムシ】

Lamellibrachia satsuma

－無脊椎動物　ケヤリムシ目シボグリヌム科－

生息地

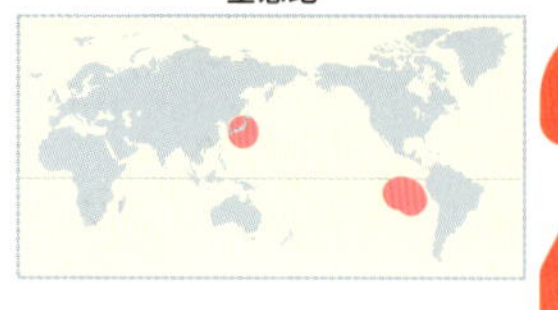

寿命 **200年**

1回の産仔数・産卵数	寿命までの生存率(%)	ストレス・苦手・不安
100	不明	地震

〝動物〟であることをやめてしまった生き方

いい湯だな♥

５００ｍ以上の深海の海底火山から吹き出す温泉の熱水噴出孔周辺に生息する動物。チューブのような殻をつくって、入り口から頭だけを出している。これが着物の赤い羽織に似ている。ハオリムシは、口、消化管、肛門などをもたない動物の常識をくつがえす生物。硫黄酸化細菌を体内に共生させていて、栄養をつくってもらっている。動き回らずに、まるで光合成をする植物のようになった動物。海底火山から出る硫化水素を取り込むだけの、楽チン生活。１００℃以上の高温の熱水の噴き出し口付近でも、へっちゃら。20世紀に発見された動物なので、その生理や生態は謎が多い。動物としての生きる喜びも不明で、光のない熱湯が噴き出す深い深海で、静かにエサを食べずに２００年以上生きると考えられている。

寿命
120年

生息地

ニュージーランド

【ムカシトカゲ LC】
Sphenodon punctatus

— 爬虫類　ムカシトカゲ目ムカシトカゲ科 —

1回の産仔数・産卵数	寿命までの生存率(%)	ストレス・苦手・不安
10	0.1%	暑さ 

1年以下
2年～5年
5年～10年
10年～20年
20年～30年
30年～40年
40年～60年
60年～80年
100年超

全爬虫類で最も成長が遅いのんびりな生き方

ニュージーランドの固有種。トカゲと名がついているが、一般に知られているトカゲとは進化的に大きく異なり、2億年前のジュラ紀からほとんど姿を変えていない生きた化石。オトナに成長するまでに最低10年はかかり、体の成長が止まるまでに35年くらいかかる長い成長期間を過ごす。オスのプロポーズは、ゆっくりからだをゆすりながら、メスの周りで円を描くように回る。オスが毎年情熱的なプロポーズをしても、メスは4年に1度しかオスを受け入れず、OKならメスは頭を上下にふってみせ、カップル成立となる。運の悪いモテないムカシトカゲにとっては、子どもを残すチャンスはとても少なく、101年目のプロポーズで、はじめてパパになる可能性もあるかもしれない…。120年以上寿命があるので婚活はあせることはない…。

タカアシガニ

Macrocheira kaempferi

甲殻類　十脚目クモガニ科

生息地

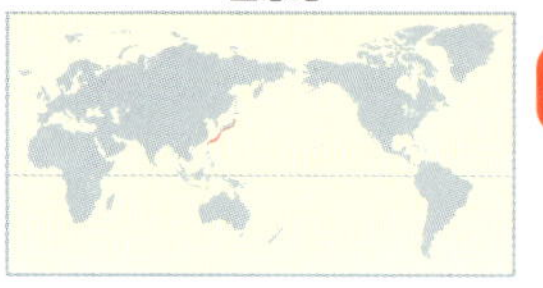

寿命 100年

1回の産仔数・産卵数	寿命までの生存率(%)	ストレス・苦手・不安
130万	0.0007%	タコ

衣替えで緊張する生き方

日本の深海にいる世界最大の節足動物。カニと名がついているがヤドカリに近い仲間。直径0・8㎜ほどの卵をメスの腹に130万粒ほど抱えているところまではわかっているが、その後、どうやって世界最大にまで成長するかは謎。光がほとんど届かない200mほどの深海を長い脚で歩き回って、いろいろ拾って食べているようだが、なかなかのグルメで、飼育下ではエサの選り好みが激しいため、飼育が難しい。小さい頃は、トゲだらけの姿をしているが、成長すると大きすぎて魚の口に入らなくなるので天敵はいなくなる。ただし成長するには脱皮をしなくてはならない。広げると3m以上になる脚は、古い殻を脱ぐのに6時間以上かかる。上手く脱げないと、そこで死んでしまう。100年の間に何度かこの緊張を味わわなくてはならない…。

1年以下
2年～5年
5年～10年
10年～20年
20年～30年
30年～40年
40年～60年
60年～80年
100年超

寿命
100年

生息地

【シャコガイ VU *Tridacna gigas*】

—— 貝類 マルスダレガイ目サルガイ科 ——

1回の産仔数・産卵数	3万	寿命までの生存率(%)	0.03%	ストレス・苦手・不安	寄生貝

サンゴに囲まれた美しい海でまったりする生き方

熱帯から亜熱帯の暖かいサンゴ礁のある浅い海でくらす。二枚貝では世界最大に成長し、殻長は2m、重さ200kgを超える。その巨大さから〝人食い貝〟の異名で怖れられているが、人や動物を襲って食べることはない。うっかり足などが挟まって殻を閉じられることはあるかもしれないが、それほど速いスピードでは閉じないスローライフで温和な動物。

人食いどころか肉ヒダの部分（外套膜）に住まわせている藻（褐虫藻）に光合成させて、その栄養を取り込んでいるので、海中の栄養源を吸い込んで採っているエサが不足する危機でも、この他力本願な補助サプリメントで常に栄養が取れる安心な生活をおくっている。大きいのでこれといった天敵はいないが、沖縄地方では刺身にして食べる文化もある。

1年以下 / 2年〜5年 / 5年〜10年 / 10年〜20年 / 20年〜30年 / 30年〜40年 / 40年〜60年 / 60年〜80年 / 100年超

寿命

90年

【ホッキョククジラ LC】
Balaena mysticetus

哺乳類　クジラ目セミクジラ科

生息地

1回の産仔数・産卵数	寿命までの生存率(%)	ストレス・苦手・不安
1	20%	地球温暖化

北極海の魅力を知り尽くした生き方

氷の下は落ち着くわ。
地球全部凍ればいいのに。

ホッキョククジラは、ヒゲクジラの仲間では、唯一、生涯を北極海周辺で暮らす。理由は謎だが、臆病な性格で、驚くとすぐに氷の下に隠れてしまう。こういった性格から、常に氷のある北極海の環境を好んでいるのだろう。海面付近にいるオキアミ（小さいエビの仲間）を口の中のヒゲでこして食べる。エサは豊富で困らないが、単調で味わって食べる楽しみはない。10～15年でオトナになり、長い歌のような鳴き声で恋に落ちる。普段はあまり大きな群れをつくらないが、恋の季節には合コンをすることもあり、オス、メスともにはしゃぎまくる。100歳以上の寿命があると考えられており、20m、100トンまで成長する。哺乳類としては超高齢出産。90歳のメスが妊娠可能な一方で、一時的に気持ちが不安定になる更年期障害も確認されている。

コラム①

寿命とは

たとえば、岩石や鉄のような鉱物は、どんなに硬くても時間と共に風化していきます。生物と呼ばれる物質の塊（細胞）は、とても壊れやすく複雑な材料でできているにも関わらず、物質として元の状態を保とうとする不思議な性質があります。古い細胞を定期的に新品に入れ替えたり、万一に備えて、分裂や自分の子どもをつくることで、物質として同じ状態を、できるだけ〝長く〟残そうとするのです。

そのためには設計図が必要で、それが遺伝子（DNA）と呼ばれる長いひも状の物質として細胞ひとつひとつに収まっています。鉱物など無機物には、こういった設計図のような物質は含まれていません。はじめは一つの細胞でも分裂するときに、この設計図も一緒にコピーされます。生物が成長するときや、壊れたり古くなったりした細胞を、そのコピーされた設計図を元に復元していきます。しかし、コピーがうまくいかないことや、コピーをくり返して読み取りにくくなる部分が出てきます。そんな部分がガンなどの病気の原因になってしまったり、コピーをくり返した細胞全体が劣化して、個体の死につながるというのが、寿命の主なメカニズムです。

寿命の長さは単なる細胞の劣化だけでなく、生態系の役割とも関係があります。例えばオス・メスに分かれているものは、産卵・出産をするのに重要なメスの方が長生きをして、オスの寿命は、はじめから短くなっています。同じくらいの大きさの動物なら、肉食動物より草食動物の方が長生きをする傾向にあり生態系のバランスが取れるようになっています。

また寿命には、計算上の『生理的寿命』と、実際に生きていく上で、事故や病気、天敵の捕食にあう『生態的寿命』があります。実際にすべての生物は、生理的寿命を全うできるのはほんの一握りだけで、多くは短命です。

【シロナガスクジラ EN】

Balaenoptera musculus

—— 哺乳類　クジラ目ナガスクジラ科 ——

寿命 **80年**

1回の産仔数・産卵数	1	寿命までの生存率(%)	20%	ストレス・苦手・不安	シャチ

地球全体が自分の家のような生き方

地球の全海域でくらす。大好物のオキアミを求めて冬は北極や南極の海を泳ぎ、夏は熱帯の温かい海に集まって婚活する恋の季節。妊娠期間はヒトより少し長い11ヶ月で、2〜3年おきに7mの赤ちゃんを1頭産む。母親だけで子育てをし、1年くらいミルクを1日200リットル飲んで育ち、母子の楽しい回遊の思い出をつくると、8歳くらいからオトナの体になり、母は子別れをする。育児や繁殖以外はひとりでくらすが、ジェット機なみの180ホンの大声を出すことができるため、数百キロ先の仲間とも、おしゃべりができるので、さびしくはない。地球史上、最大の動物は、これといった天敵もおらず、オキアミは豊富にあるので食事の心配もない。世界中の美しい海をゆったり泳いで満喫する80年の一生をおくることができる。

寿命

70年

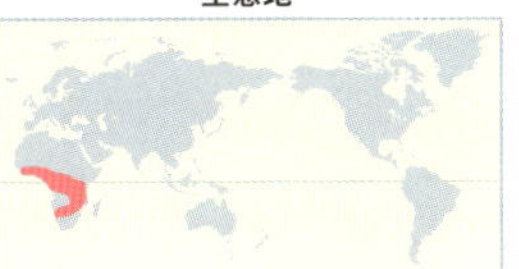

【アフリカゾウ VU】
Loxodonta africana

哺乳類　長鼻目ゾウ科

1回の産仔数・産卵数	寿命までの生存率(%)	ストレス・苦手・不安
1	15%	乾期

生涯、女子会を楽しむ生き方

現在ゾウは大別するとアフリカゾウとアジアゾウだけが残っているが、かつては約30種類いた動物で、日本にもくらしていた。寿命やオトナになる年齢がヒトに似ていて、10代中頃からオトナ扱いされて、経験を積んで子どもを産むようになる。群れはメスが中心で、おばあちゃんがリーダーとなり、お母さん、孫、親戚などで10頭前後の群れをつくる。オスは年頃になると群れを出てひとりで生活し、恋の季節になると一時的に別の群れに合流するが、子どもを作るだけで子育てには関わらない。メス同士の絆は固く、ケンカをしてもすぐに仲直りする。困っているものを放っておかずに、常に助け合あう。水を求めて厳しい長旅をし、途中、楽しいことがあるとふざけ合う。家族が死ぬと涙を流して悲しみ、お葬式のように皆が集まり静かに弔う。

【ヒト LC】
Homo sapiens

哺乳類　霊長目ヒト科

生息地

寿命 **70年**

1回の産仔数・産卵数	寿命までの生存率(%)	ストレス・苦手・不安
1	20%	情報

動物界一、ストレスを楽しむ生き方

砂漠から極寒地、宇宙にまで生息。環境を作りかえる能力がある霊長類。本来、霊長類は草食動物なので、天敵は猛獣など大型の肉食動物だが、ヒトの最大の天敵は目に見えない大きさのウイルス。身体的なハンディキャップを持って生まれても、他の動物に比べると高い確率で生きていくことができる。さらに近年は交通事故や戦争といった同じ生物同士が死の大きな要因になっている。加えて知能が高いゆえに、ストレスを受けやすく、自殺をするものもいるが、このような行動は他の動物にはみられない。こういった要因で平均寿命が時代によって短期間に変化する。生物学的ではなく、掟や法律でオトナとコドモが分けられている。多くの動物は子どもを作れなくなるころが寿命だが、ヒトは生殖能力を失ってから長生きする動物。

寿命

70年

生息地

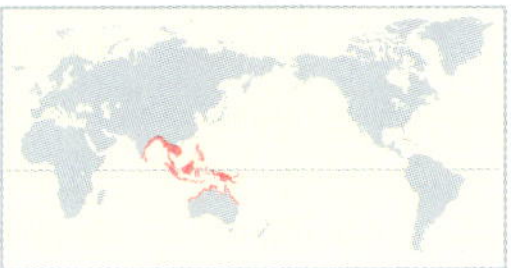

【イリエワニ LC】

Crocodylus porosus

爬虫類　ワニ目クロコダイル科

1回の産仔数・産卵数	寿命までの生存率(%)	ストレス・苦手・不安
50	1%	赤ちゃんは魚、鳥

意外とスローライフで小食な生き方

東南アジアからオーストラリア北部に生息。現生の爬虫類で最大種でゆうに５ｍ、５００kg以上にまで成長する。川と海が混ざるような汽水域でくらしているので、川と海の両方の環境に適応している。爬虫類は成長し続けるので、長生きしたものが巨大になる。寿命の70年生きた個体はかなりの大きさとなる。この世界最大のワニは成長が遅く、オトナになるまでにオスは15年以上かかる。最大最強の求愛は、ロマンチックでオスが重低音の歌をうたってみせる。人食いワニのイメージがあるが、小さい頃は水辺の小さなクモやタニシなどを食べており、オトナになっても燃費がいいので、一度エサを食べると数ヶ月間何も食べなくても死ぬことはない。気まぐれな冒険好きもいて海を１０００㎞以上泳いで新天地をめざすものもたまにいる。

シーラカンス CR

Latimeria chalumnae

魚類　シーラカンス目ラティメリア科

生息地

寿命 **60年**

1回の産仔数・産卵数	寿命までの生存率(%)	ストレス・苦手・不安
不明	不明	不明

太古の地球に合わせたクラシックな生き方

昔は世界中の川にもいたんだけどね。
オトナ
コドモ

シーラカンスの仲間は、恐竜出現より前の古生代デボン紀（4億年前）に誕生し、恐竜時代の中生代には大繁栄して世界の河川や浅い海でくらしていたことが化石が発見された場所からわかっている。ところが恐竜と同じ6500万年前を境に1匹も化石が発見されていないので、恐竜と一緒に絶滅したと考えられていたが、6500万年ぶりの20世紀に発見された。そこはかつての陽の当たる場所とは異なり深海。飼育はもちろん発見すら数例しかないので謎が多いものの、少なくとも60年以上の寿命はあり、魚類ではなかなかの長寿。また〝種〟としての寿命を考えると、数億年近くほとんど姿を変えていないことになる。深海という環境変化の少ない場所はタイムマシンにのったようなもので、我々には想像できない魅力的な場所なのかもしれない。

寿命

60年

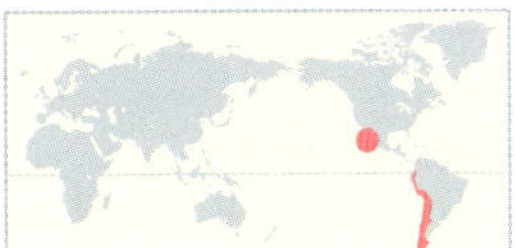

【コンドル NT】

Vultur gryphus

鳥類　タカ目コンドル科

1回の産仔数・産卵数	寿命までの生存率(%)	ストレス・苦手・不安
1	10%	無風状態

1年以下 / 2年〜5年 / 5年〜10年 / 10年〜20年 / 20年〜30年 / 30年〜40年 / 40年〜60年 / 60年〜80年

一生浮気をしない生き方

アメリカ大陸に生息する大型の鳥。翼を広げると3m、体重は10kg以上になる。多くの鳥は、卵からかえると翌年にはオトナになって繁殖するが、コンドルは生まれて5～6年はコドモのまま。求愛や繁殖行動など一切しない。恋に奥手な鳥だが、一度恋に落ちると寿命の60年間、一度も浮気をせずに一生連れそう愛に生きる鳥。体が大きくて重いので、離陸して飛び立つのが苦手だが、一度風に乗ると半日は上空にいる飛行好きで1日で250km移動することもある。狩りはせず、好物の死肉を探して地面を見ながら優雅に一日空を旋回している。鳥類にはめずらしく視覚だけでなく、15km先の匂いを嗅ぎわける嗅覚も発達しているので、空の散歩では五感をフル活用して遊覧を毎日楽しんでいる。

【ナベヅル VU】
Grus monacha

鳥類 ツル目ツル科

生息地

寿命
60年

1回の産仔数・産卵数	2
寿命までの生存率(%)	5%
ストレス・苦手・不安	タヌキ

“鶴は千年”どころか、絶滅危惧種…。

鹿児島が大好きな生き方

東アジアに生息する渡り鳥。世界の生息数は約1万羽で、そのうちの90%が越冬のため鹿児島の出水市にやってくる大の鹿児島好きの鳥。もっとも江戸時代までは日本各地でみられた。『鶴は千年、亀は万年』と長寿の動物の代表に例えられるが、実際は長くても60年程度の寿命。しかしながら、やはり鳥類としては圧倒的な長寿。オスは3歳くらいから、メスは2歳くらいからオトナになり、求愛のダンスや鳴き交わしなどロマンチックな面がある。夫婦や家族中心の小さいグループ単位で集まっており、その絆は固い。現在は絶滅に瀕し、人間による手厚い保護下に入っているので、エサが少ない冬でも充分に食料はある。鹿児島で婚活した後に中国やロシアなどに帰って子育てをする。

コラム②

どうやって寿命を調べるの？

動物の寿命を調べるのは、科学が進んだ21世紀でも大変難しいテーマです。動物園や水族館、大学などの研究機関で飼育された生物は、多くが生まれた瞬間がわかっているので、飼育記録から正確に生きた日数がわかります。実証された意味のある最も正確なデータのひとつとなります。ただそこで得られた寿命の長さとは、飼育下だから野生より長いのか、飼育下だから野生より短いのか、これまた判断が難しい問題を残しています。

野生動物では、野鳥の場合、特別に許可を得て足環をつけて放野し、足環をつけて死んだ個体を偶然見つけたときに足環を回収して、生きた期間などを割り出します。シカであれば、オスの場合、角の枝分かれの数で若齢かはわかります。草食動物で便利なのが歯で、歯の数、削れ方、断面が樹木の年輪のような層になっているなどで、さらに細かい年齢を測定で割り出すことができます。魚のウロコや二枚貝の殻も年輪のように成長するので、その数で計測できるものもあります。また魚は、頭骨内にある耳石と呼ばれるカルシウムの結晶の年輪が1日単位で増えていくので、これでも年齢を測定することができます。イルカやクジラの場合、歯クジラは歯の断面の層で調べることができますが、ヒゲクジラは歯がないので、たまった耳くそ（耳垢栓）から年齢を調べることができます。ベテラン研究者は体長とクジラについたフジツボの数からおおよその年齢を推測できるそうです。

成長の上限がなく、長生きするだけ大きくなるような爬虫類や無脊椎動物は、1年間に成長するスピードをもとに、体長から年齢を推定することもできます。最近はDNAなど分子生物学的な計算方法で年齢を推定する試みも始まっていますが、まだ誤差が大きく理論値だけで、実際に検証できていないため信頼性が低く、将来期待される注目の技術です。

【 ジュゴン VU 】
Dugong dugon

—— 哺乳類 カイギュウ目ジュゴン科 ——

生息地

寿命
50年

1回の産仔数・産卵数	1
寿命までの生存率(%)	15%
ストレス・苦手・不安	船の音

常夏の海で、ゆったり海草サラダを食べる生き方

私がいるところは、だいたい美しい海の高級リゾート地よ。

オーストラリア・東南アジアからアフリカの美しく温かい浅い海でくらし、日本の沖縄が北限。海草を1日に体重の1割くらい食べるため腸の長さは45mあり、それがウンチになるまでに1週間かかる。ゾウと共通の祖先をもち、近い仲間では、淡水の川にいるマナティ。単独か母子の小さい群れでくらし、妊娠期間は13ケ月。成長が遅く、生後1週間で海草を自分で食べられるようになるにもかかわらず、結局1年半も母乳を飲んでいる。遅い地域では、オトナに成長するまで17年以上かかる。オスは子育てに関わらず、メスは5～7年に1頭の子を産む。母子も育児以外では一緒にいない。温和な性格で、リゾート観光地のような美しい海で藻をひたすら食べて50年ほどプカプカ浮かび、まるで人魚のような生活をして一生を終える。

寿命

50年

生息地

【 シャチ DD 】
Orcinus orca

哺乳類　クジラ目マイルカ科

1回の産仔数・産卵数	1	寿命までの生存率(%)	30%	ストレス・苦手・不安	ホホジロザメ

海のギャングは遊びと愛情に満ちた生き方

仲間を大切にすることに生きがいを感じる。

世界中の海でくらすイルカ・クジラの仲間。オスは10歳くらいから、メスは6歳くらいからオトナの体になる。約1年半の妊娠期間で1頭産み、家族中心の群れをつくる。とても愛情深く、母親がエサを捕りに行っている間、他のメスがベビーシッターとしてあやしてあげるほか、背骨が曲がるなど障害を持って生まれて、泳ぎにハンディのあるものに対して、群れの仲間が魚を捕ってきて、口元に与えるなど介護福祉的な優しい行動も確認されている。寿命はメスで50歳くらい、オスはそれより10歳以上寿命が短い。様々な種類の音声を使い分ける〝おしゃべり〟で、明るい性格。知的好奇心が旺盛で何でも遊びに変え、活発な体育会系で泳ぎが速いだけでなく、美しい世界の海でジャンプするなど仲間と多彩な行動を楽しむ遊び上手な一生を過ごす。

【シロサイ NT】

Ceratotherium simum

哺乳類　奇蹄目サイ科

生息地

寿命 **50年**

1回の産仔数・産卵数	寿命までの生存率(%)	ストレス・苦手・不安
1	3%	野火

少し無器用だけど、一生懸命な生き方

なんでオレは彼女できねーんだよ！

アフリカのサバンナ（草原）でくらす。ゾウに次ぐ大型動物で最大で体長４ｍ、体重３トン以上になり、妊娠期間も５５０日間とゾウに次いで長い。オスは６歳、メスは４歳くらいからオトナになる。角は爪と同じ成分で、１ケ月で５㎜伸び、一生伸び続けるので寿命までに１６０㎝以上になることもある。大きすぎると動きにくいので、ヒマな時に岩や木にこすって削っている。争いを好まない温和な草食動物で、オス同士のケンカも死闘になるほど激しいものはしない。しかし一度怒らせると、何でも巨体で体当たりし、角で突き上げる破壊王。その迫力にはライオンも逃げ出すほど。ド近眼なので、サバンナの自然をじっくり観賞する余裕はないだろう。消防団のように野火を消す習性があるので、広大なサバンナを見守りながら50年を終える。

寿命

50年

生息地

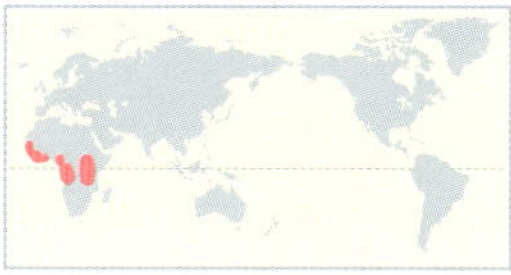

【チンパンジー EN】

Pan troglodytes

哺乳類 霊長目オランウータン科

1回の産仔数・産卵数	寿命までの生存率(%)	ストレス・苦手・不安
1	5%	他の群れ

1年以下
2年〜5年
5年〜10年
10年〜20年
20年〜30年
30年〜40年
40年〜60年

楽しみや苦しみがヒトに似ている生き方

アフリカのジャングルでくらす。オトナのオスとメスが20頭くらいから、時には100頭くらいの大きな群れをつくる。8歳くらいからオトナの体になるが、ヒトと同じく初産は精神的にオトナになる14歳くらいのものが多い。メスはオトナになると、群れを出て他の群れに移籍して、そこで50歳近くまで生きる。群れでは順位が決まっていて、厳しい掟がある。オスはメスより上位で、さらに強い家系などもあり、上のものに対しては、挨拶やマナーが厳しく決まっている。ジャングルは食べものが豊富で、天敵もいない。一方、チンパンジー同士の格差、ゴマすり、根回し、裏切り、イジメなど、ストレスを感じそうな出来事が日々おこる。しかしながら、群れでの一生を選ぶのは、嫌なことを上回る安らぎや楽しさがあるからだろう。

【ヤシガニ VU】
Birgus latro

甲殻類　十脚目オカヤドカリ科

生息地

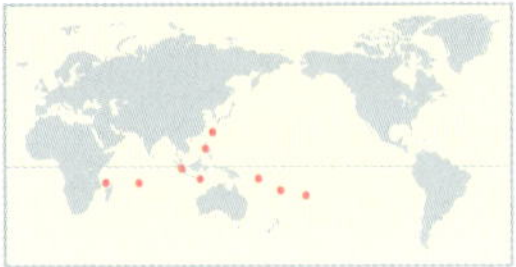

寿命 **50年**

1回の産仔数・産卵数	寿命までの生存率(%)	ストレス・苦手・不安
13万	0.007%	暑さ

1年以下
2年～5年
5年～10年
10年～20年
20年～30年
30年～40年
40年～60年

中古品、リサイクルが大好きな生き方

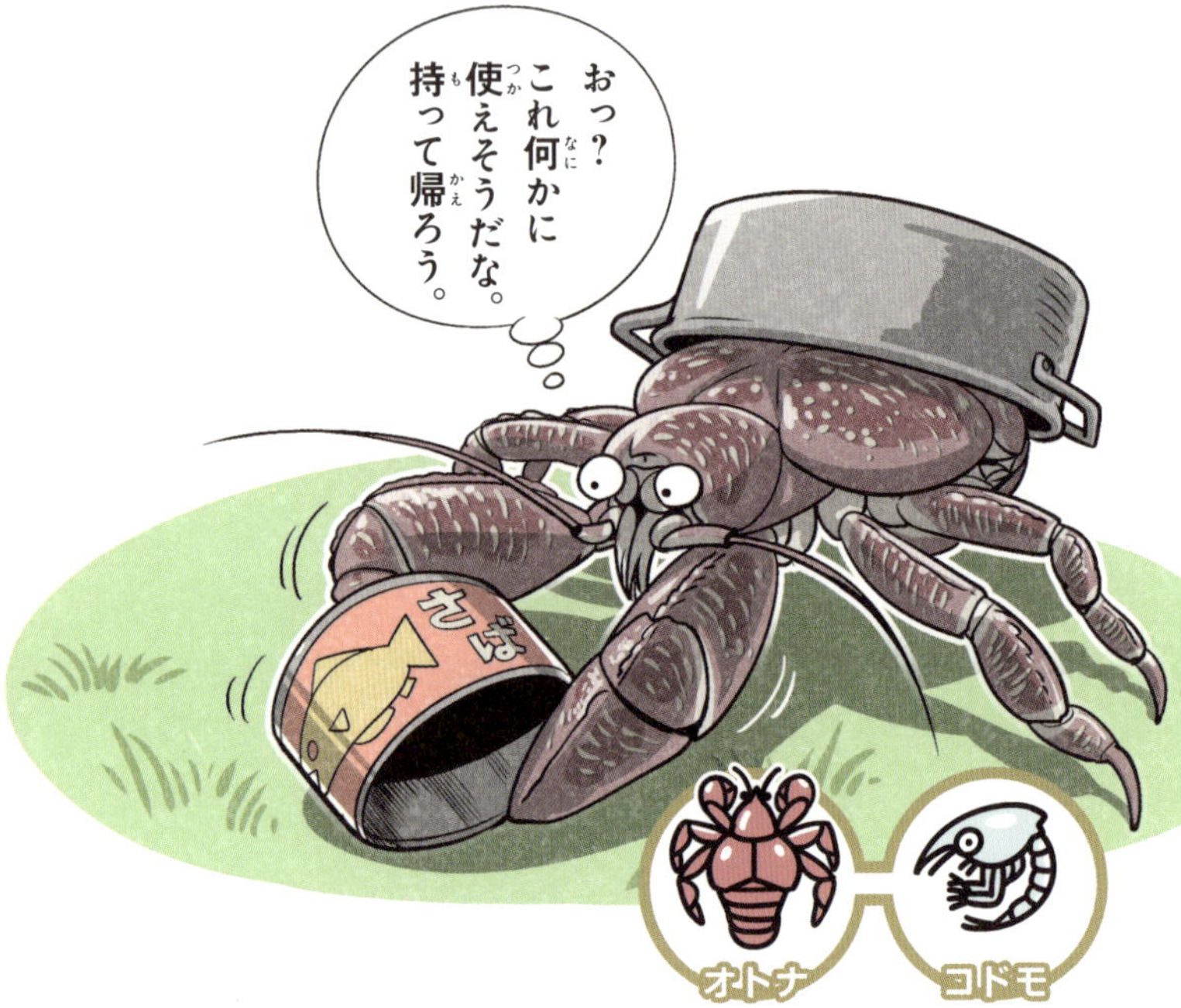

インド洋西部からミクロネシアの島などでくらす。〝カニ〟とつくが、ヤドカリに近い仲間。交尾した受精卵はメスが数ヶ月間お腹に抱えて、ある満月の夜に孵化したゾエア（幼生）を海に放す。28日間海を漂った後、海底に落ちている貝殻を背負ってヤドカリ生活を1ヶ月間おくり上陸。様々な体験をした後に、いよいよヤシガニらしい生活が始まる。オトナになるまで、早くて4年、遅いものは8年かかるほど成長が遅い。ライオンの咬む力と同等のハサミを使って大好物のヤシの実を食べて成長し、陸上節足動物最大＝脚を広げると1m以上、体重4kg以上になり、50年ほどの寿命をおくる。大きくなると入る貝がないので、ヤドカリのようにはいかず、体がむき出しのまま生活するが、ゴミの鍋や缶などを見つけると、つい背負ってしまう。

寿命

50年

1年以下
2年～5年
5年～10年
10年～20年
20年～30年
30年～40年
40年～60年

生息地

【アフリカウシガエル LC】

Pyxicephalus adspersus

―― 両生類　無尾目アカガエル科 ――

1回の産仔数・産卵数	寿命までの生存率(%)	ストレス・苦手・不安
4000	0.025%	ナイルオオトカゲ

よく食べて、一生の4/5は寝る生き方

ハイっ、今年の仕事はおしまい。また1年近く寝るわ。
じゃーねー。
オトナ
コドモ

アフリカのサバンナでくらすカエル。日本でみられるウシガエルに似ているが、体長は最大25cm、体重2kg以上になるので、片手では持てない大きさ。口に入ればネズミ、トカゲ、小鳥でも食べる大食漢。メスは4000個もの卵を水たまりに産み、オスがオタマジャクシから変態するまでの3週間、付きっきりで過ごす育メン。日照りで水が減ると別の水場から土に溝を掘って水路を作る情熱がある。オトナは厳しい乾期になれば、地中にもぐって冬眠ならぬ〝夏眠〟をする。最大10ヶ月間、飲まず食わずで寝ることもある。さらに寿命が長く、最大50年生きることもある。長寿だが、その場合50年のうち、40年以上は寝ていることになる。何でも美味しく食べ、子育てが好きで、さらに寝ることが大好きな人には、このカエルは理想の生き方だろう。

【カバ VU】

Hippopotamus amphibius

哺乳類 偶蹄目カバ科

生息地

寿命 40年

1回の産仔数・産卵数	寿命までの生存率(%)	ストレス・苦手・不安
1	5%	他の群れ

夜遊びが大好きな生き方

アフリカの湿地でくらす。オスは5歳くらい、メスはそれより1年くらい早くオトナの体になる。群れは10~20頭のメスとその子どもたちを強いオスが独占する。あぶれたオトナのオスは、ひとりぐらしをして群れの乗っ取りのチャンスをうかがっている。オス同士の争いは激しいが、殺し合いはせず、口の大きさ比べで勝敗を決める。勢い余って牙があたって大ケガすることもあるが大丈夫。カバの皮膚は肉厚で傷に強いだけでなく、殺菌作用のある汗で化膿しにくい。日中は、水が苦手なライオンが近寄れない池の中央でぐっすり寝て、日焼けしない夜に水から出て、食事の小旅行に出る。おいしい草を求めて一晩で10~20㎞ほどみんなで散策する。水のない乾期は厳しいくらしだが、雨期には感動体験を仲間とくりかえし40年の一生を過ごす。

コラム③

死因のあれこれ

実際の生物は、多くが理論通りの長さを生きられません。どんな原因で生き物は死ぬのでしょうか？

生物にとって一番の〝敵〟は自然環境です。気温が暑すぎたり寒すぎたり、強風、大雨、洪水、猛暑・日照り、山火事…それによってエサや住みかを失うような影響も出てしまうのです。さらには、短期的な異常気象のレベルから、火山の噴火、地震による津波、はたまた恐竜をも絶滅させた巨大隕石の落下まで、一瞬にして多くの動物を絶滅にまで追い込む天変地異も存在します。このように自然に対しては、どんなに強い猛獣でも、ヒトのような知能の高い動物でも、全くの無力なのです。 肉食動物（捕食）に対する草食動物（被食）の関係は、エサとなり食べられる方が数が多くなっています。つまり死ぬ可能性の高い動物ほど、たくさんの卵やコドモを産みます。このバランスが崩れて、どちらかに偏ると、自分たちのエサを奪い合って食べつくして、その先には飢え死にが待っています。近年は、人間の活動圏が広がり、住みかを奪われたり、車の交通事故などにあうものが増えたり、逆に人間が介入して手厚く保護されて、絶滅を免れたり、エサをもらったりして寿命を延ばすものもいます。

経験の浅いコドモや体が不自由になった年寄りの動物は、足を滑らせて山から滑り落ちて事故死したり、泥沼に足がはまって抜けなくなって死ぬこともたくさんあります。天敵に襲われたり、ライバルと戦った傷が死因につながったり、風邪が悪化したり、持病や体にハンディを持っているものもいます。伝染病や食べものの中毒で死んでしまうものもいます。

またサメ、カエル、ワシなどの中には、卵やヒナが、はじめから兄弟のエサになるために生まれてくるものもいます。

【ホホジロザメ VU】

Carcharodon carcharias

魚類　ネズミザメ目ネズミザメ科

生息地

寿命
40年

1回の産仔数・産卵数	寿命までの生存率(%)	ストレス・苦手・不安
15	1%	シャチ

1年以下
2年～5年
5年～10年
10年～20年
20年～30年
30年～40年

世界の海は俺様のもの…な生き方

極地を除く世界中の海でくらす。現生で世界最大の人食いザメとして知られており、最大体長は6m以上、体重2トン近くなる。これといった天敵はいない。折れても生えかわる鋭く巨大な歯は、人間だけでなく海の生き物すべてが震え上がる。歯が鋭すぎて、折れた歯を獲物と一緒に飲んだ際に内臓が傷ついて死ぬこともある。謎が多いサメで、水族館でも長期飼育が不可能。母体内で卵胎生の仔ザメが生まれ、未受精卵を食べて育ち、子宮ミルクを分泌して育てる珍しいサメ。1・2mほどに育った胎児を2～15匹ほど出産し、母ザメは育児に関与しない。単独でくらし、15歳くらいでオトナになる。体温をコントロールすることができるので、深海や寒い海にも行くことができる。世界中の海を我がもの顔で泳いで40年以上の寿命を終える。

寿命

40年

生息地

【ダチョウ LC】

Struthio camelus

鳥類　ダチョウ目ダチョウ科

1回の産仔数・産卵数	5	寿命までの生存率(%)	0.1%	ストレス・苦手・不安	若鳥はライオン

広大な大地を自由に走り回る生き方

アフリカのサバンナでくらす。現生で世界最大の鳥で体高2・5m、体重150kgに達する。乾期に1羽のオスが地面にくぼみを掘って作った巣で情熱的な求愛ダンスをして、3〜5羽のメスが卵を産む。合計20個ほどになるが、順位が高いメスは抱卵したときに温まる中央に産むことができ、弱いメスは周辺の冷えやすい位置にしか産むことができない。一番強いメスとオスが昼夜交互に42日間抱卵する。オスは夜に抱卵するので、暗闇に溶け込むように羽が黒い。ヒナは産みの親ではなく、強いメスについていく。幼鳥は縞模様があり、2歳くらいでオトナになる。成鳥は時速60キロ以上で走り続けることができるので、ライオンなどの天敵に襲われることは少ない。飛ぶことはできないが、広大なアフリカの大地を思う存分疾走でき、40年の寿命を終える。

【 イルカ LC 】
Tursiops truncatus
哺乳類 クジラ目マイルカ科

生息地

寿命
40年

1回の産仔数・産卵数	1	寿命までの生存率(%)	20%	ストレス・苦手・不安	寄生虫

生涯、みんなでワイワイ遊ぶ生き方

美肌にはうるさいのよ、わたし。
ズズズ〜〜ッ

1年以下
2年〜5年
5年〜10年
10年〜20年
20年〜30年
30年〜40年

世界中の温暖な海でくらす。イルカとクジラは生物学的には同じ仲間で、一般的に4m以下の種類をイルカと呼ぶことが多い。魚のような姿をしているが、元は陸上哺乳類だったので、エラはなく鼻の穴が頭の上にあり、水の中では息を止めてガマンしている。哺乳類なので古い皮膚が垢になり、それを岩などにこする〝垢すり〟が大好き。40年ほどの一生で出る垢の量は塵も積もって60kgになる。哺乳類ながら出産も授乳も泳ぎながら水中でおこない、1年半ほど母乳を飲み、泳ぎ方を教わる。4〜6歳でオトナになり、オスは生まれた群れを出てオスのグループに仲間入りするが、いじめっ子がいるので新人は少々苦労する。一方メス同士の群れはとても仲良しで、合コンの設定から子育てまでみんなで助け合いワイワイ楽しい一生を過ごす。

寿命

35年

生息地

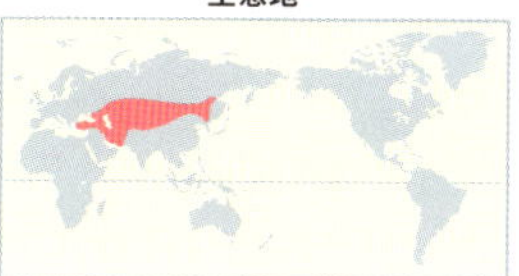

ラクダ　CR

Camelus ferus

哺乳類　偶蹄目ラクダ科

1回の産仔数・産卵数	寿命までの生存率(%)	ストレス・苦手・不安
1	5%	他の群れ

動物界一、チャレンジャーな生き方

今日で水を飲まないのは10日目。もう少しチャレンジしてみる。

西アジア原産のラクダは、現在地球上にヒトコブラクダとフタコブラクダの2種類いる。砂漠は、日中の気温がどんな生物でも長時間いると死に至る温度。なおかつ1日の温度差が30℃以上になり、夜は寒い。エサや水もなく、足場は歩きにくい砂。そんな環境に適応し、すべて克服できた動物がラクダ。草食動物ながら立派な牙（犬歯）があり、オスはライオンと同じように群れを乗っ取るための激しい戦いがある勇者でもある。そんなラクダは、オトナになるのが遅く、6年を超えないとコドモをつくることはない。発情期も1年に1回と少ないので、異性にはあまり興味を持たないタイプの動物。長生きで30歳を超えることもめずらしくはない。厳しい環境でも悠然と〝生〟を楽しむ生き方をしたい人にオススメ。

【 マントヒヒ LC 】
Papio hamadryas
哺乳類 霊長目オナガザル科

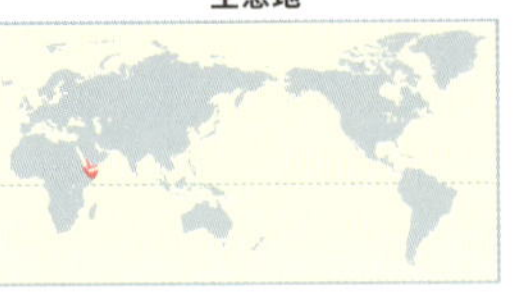

寿命 **35年**

1回の産仔数・産卵数	寿命までの生存率(%)	ストレス・苦手・不安
1	3%	他の群れ

1年以下 / 2年～5年 / 5年～10年 / 10年～20年 / 20年～30年 / 30年～40年

古風で厳しいお父さん社会な生き方

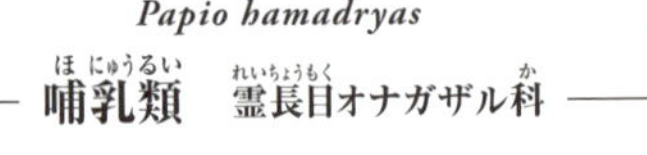
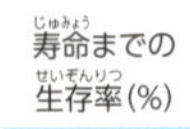

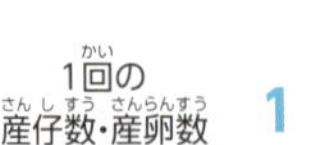

アフリカ・中東でくらす。赤ちゃんは70gくらいで黒い毛をしており、8ヶ月くらいで離乳すると、オスはオトナになる5歳くらいから毛が白くなり、マントのような毛が生えてくる。樹上ではなく草原のくらしに適応したサルの仲間で、地面に長時間座っていられるように、尻ダコという〝座布団〟がお尻に標準装備されている。またリスのように口の中に食べものをしまっておける頬袋があるので、エサ場以外でも頬袋にあるおやつをいつでも食べることができる。オトナのオス1頭とメス数頭の小さい群れをつくり、その群れがさらに集まって、100頭を超える巨大な群れをつくる。動物界一、きびしい家長制でメスはオスに逆らわずにオスを支えて約35年の一生を終える。オスはきびしい反面、命がけでメスをあらゆる危険から守り抜く。

寿命
35年

生息地

【テナガザル EN】
Hylobates lar

哺乳類 霊長目テナガザル科

1回の産仔数・産卵数	寿命までの生存率(%)	ストレス・苦手・不安
1	15%	他の夫婦

霊長類で最も歌が好きな生き方

東南アジアのジャングルでくらす。ヒトに近い類人猿なので、チンパンジー、ゴリラ、オランウータンと同じく尻尾がない。ヒト以外のサルでは珍しく群れをつくらず、夫婦で35年ほどの寿命を過ごす。一人っ子、または二人兄弟くらいを夫婦で育て、コドモは6歳くらいでオトナになると、家族を離れるようになる。甘えん坊が親離れできず、8歳くらいまで両親の元にいると、父親が家族から出ていくようにうながす。夫婦の絆は強く、一生浮気せずにつづく。歌をうたうのが大好きで、夫婦で朝昼夕、大声でハモってデュエットする。この声の届く範囲がジャングルではなわばりになるため、息を合わせて同じリズムの同じ旋律の歌を歌い、長いときは30分以上熱唱することもある。温暖で食料豊富な森で、夫婦愛が強く、歌を歌い続ける生涯をおくる。

【ハクトウワシ LC】

Haliaeetus leucocephalus

鳥類　タカ目タカ科

生息地

寿命 **35年**

1回の産仔数・産卵数	寿命までの生存率(%)	ストレス・苦手・不安
2	10%	DDT(殺虫剤)

肉食系女子な生き方

結婚しなさいよ！
わかりました～っ！ヒ～っ。

北米でくらし、翼を広げると2mになる大型の猛禽類。大きいだけでなく名前の通り頭が白く美しいためアメリカ合衆国の国鳥となっている。見た目の猛々しさとは異なり、ムダな狩りをしない省エネ型のスカベンジャー（死肉食）で、魚の死骸やほかのワシの獲物を横取りしてまかなっている。5歳くらいで肩から頭が白くなりオトナになる。メスは一回り大きく気性も荒い。初デートは空中で互いに爪をにぎり合い、キリモミしながら地面スレスレまで落下するスリルで、愛の絆を深める。35年の寿命で生涯浮気をしない。巣は同じものや、使っていない中古の巣に枝をつぎ足して作るので巨大になる。卵は一度に2個産み、夫婦で交代で丁寧に温めるが、先にかえったヒナ、特にメスの場合、弟ヒナをエサとして食べてしまうことが多い。

コラム④

身近な生物の寿命

日本は小さな国ですが、世界的にも自然が豊かな国。国土の3分の2が森林。南北に長い島国で亜寒帯から亜熱帯までの気候。海、川、湖など水も豊富。これらの自然をくらしに活かした生き物が、私たちと同じ日本の〝国民〟としてくらしています。

	種名	寿命
哺乳類	シカ	約15年
	アナグマ	約15年
	ハクビシン	約15年
	イノシシ	約10年
	ムササビ	約7年
	アブラコウモリ	約3年
	ドブネズミ	約2年
鳥類	トビ	約30年
	フクロウ	約20年
	カモメ	約20年
	ハクチョウ	約15年
	カルガモ	約10年
	コサギ	約5年
爬虫類	クサガメ	約30年
	アオダイショウ	約20年
	ニホントカゲ	約7年
両生類	オオサンショウウオ	約70年
	アマガエル	約10年
	イモリ	約10年
昆虫ほか	ゴキブリ(チャバネゴキブリ)	約1年
	チョウ(モンシロチョウ)	約10ヶ月
	カマキリ(オオカマキリ)	約6ヶ月
	ダニ	約3ヶ月
甲殻類ほか	ヤドカリ(オカヤドカリ)	約15年
	カニ(イソガニ)	約3年
	タコ(ミズダコ)	約3年
	ナメクジ	約2年

寿命
30年

1年以下
2年〜5年
5年〜10年
10年〜20年
20年〜30年

【キリン VU】
Giraffa camelopardalis

哺乳類 偶蹄目キリン科

生息地

1回の産仔数・産卵数	1
寿命までの生存率(%)	10%
ストレス・苦手・不安	ダニ

動物界一、やさしい生き方

アフリカのサバンナでくらす世界で最も背の高い動物。体高4m、700kgを超えることもある。大型の動物ではめずらしく、生理（排卵）が2週間と短い周期で、妊娠期間は15ヶ月と長い。キリンの胎児は、頭を胴体の方につけて丸まっており、出産は頭から出てくる。その時の身長は1・8m。野生では、病気や天敵に襲われて、1歳までの死亡率は7割近いが、1歳を超えると死亡率は極端に下がり、ほぼ寿命の30年近く生きのびることができる。エサ場ではケンカせず仲良く食事し、他人の子がお腹をすかしてミルクを飲みに来ても、嫌がらずに与えてあげる心の広い動物。成長が早く4歳でほぼオトナと同じ体格になる。背が高く天敵をいち早く見つけるので、常にキリンのまわりにアフリカの動物たちがいて人気者として生涯をすごす。

寿命 30年

生息地

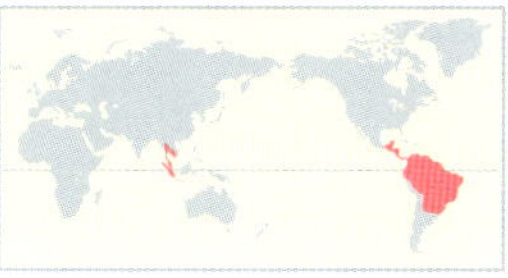

【バク EN】

Tapirus indicus

哺乳類　奇蹄目バク科

1回の産仔数・産卵数	1	寿命までの生存率(%)	3%	ストレス・苦手・不安	トラ

親子できれい好きな生き方

東南アジアや中南米周辺にくらす古いタイプの草食動物。夜行性で群れをつくらずひとりを好むシャイで神経質な性格の持ち主。4～5歳でオトナになるが、プロポーズはロマンチックで独特の儀式がある。まずジャングルでお互いに鳴き交わす歌をうたう。出会うとクルクルとダンスのように回りはじめて、スピードを上げていき、次に耳などを甘噛みをする情熱的な行動で恋に落ち、オスはその後去って行く。母親が一人っ子を大切に育てる。マレーバクは、夜に体のシルエットをわかりにくくするために白黒の分断色になっているが、幼獣はイノシシのうり坊と同じデザインをしている。水辺が大好きで水かきもあり、親子で水によくつかっている。ウンチは水の中でしかしないきれい好き。こだわりの多い30年の一生をすごす。

寿命 **30年**

【ハダカデバネズミ LC】

Heterocephalus glaber

哺乳類　齧歯目デバネズミ科

生息地

1回の産仔数・産卵数	寿命までの生存率(%)	ストレス・苦手・不安
20	5%	ヘビ

他人の世話に幸せを感じる生き方

お世話することってしんどいのよ。

でも、やりがい感じるわ

アフリカのサバンナの土中でくらす。モグラのような生活だが、ネズミの仲間で体毛がなく、穴掘りで土が口に入らないように出っ歯になっている。ユニークさは見た目ではなく、その社会構造。60頭ほどでひとつのコロニー（群れ）をつくるが、1ペアのみが子孫を残すことができ、残りの個体は子どもを作らずに、コロニーのために尽くして死んでいく。これはミツバチの女王蜂と働き蜂（ワーカー）のような真社会性昆虫と同じ仕組みで、哺乳類では唯一。ワーカーの分業もさまざまで、育児や掃除係はもちろん、赤ちゃんに添い寝して肌の温もりであたためてあげる〝ふとん係〟までいる。病気に強くガンにならないことでも知られている。小型のネズミが2～3年の寿命に対して、30年近く生きる長寿で、自分の事を後回しにするタイプの動物。

寿命

25年

1年以下
2年〜5年
5年〜10年
10年〜20年
20年〜30年

生息地

【シマウマ NT】

Equus quagga

哺乳類　奇蹄目ウマ科

1回の産仔数・産卵数	寿命までの生存率(%)	ストレス・苦手・不安
1	3%	ライオン

付和雷同、他人まかせな生き方

ドドドド　ドドドド

ねえ、なんで逃げてるの？

えっ、お前も知らないの？

アフリカのサバンナ周辺でくらす。〝ウマ〟とついているが、生物学的にはロバに近い。妊娠期間が12ヶ月と長いが、産まれて1時間もたたずに走れるようになる。3歳くらいからオトナになるが、オスが群れを持てるようになるのは5歳以降から。模様は1頭ずつ異なり、産まれたときから変わらない。縞模様は動物としてのデザインのひとつに過ぎず、特に機能的な意味はないが、種類ごとにハッキリ異なっていて、同じ模様に集まる習性があることから、お互いが見分けるのに使っている。特にお尻の部分の模様が大きく異なるので、逃げる時に付いていく目印として役に立っている。臆病なので誰かが逃げると、原因がわからなくてもとりあえず逃げる。あまり気を遣わずに、みんなについていくような生き方で25年前後の一生を終える。

【ナマケモノ LC】

Bradypus variegatus

哺乳類　貧歯目ナマケモノ科

生息地

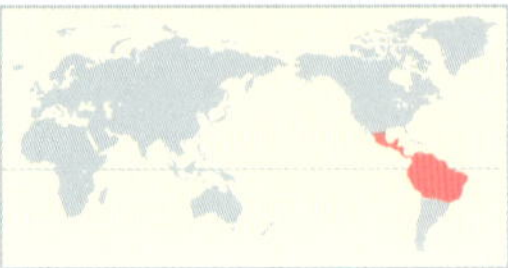

寿命 **25年**

1回の産仔数・産卵数	寿命までの生存率(%)	ストレス・苦手・不安
1	5%	オウギワシ

安心安全スローライフな生き方

中南米のジャングルでくらす。木にぶら下がっているのでサルの仲間と間違われるが全く遠縁で、アリクイの仲間。変温動物なみの生理で体温は24〜33℃と気温によって変わる。その分、食事はわずかで済み、1日の食事は葉を8g程度でOK。繁殖期のオスは数キロ先まで届くような大声で鳴くが、子育てには関わらない。母親が大切に育児し、3〜4歳でオトナになる。ナマケモノが食べる葉は数種類あるが、母親から受けつがれた木によって、味の好みが家系ごとに異なる。1日2〜3mしか動かない日もあり、20時間寝ることもある。ウンチは週に1回、明け方に木から下りてするが、それは素速い。天敵のオウギワシに襲われるほか、運動しすぎて死んでしまったり、逆に動かなすぎて飢え死にしたりするが、おおむね長寿で25年程度生きる。

寿命
25年

生息地

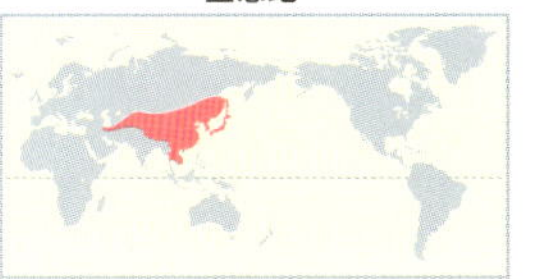

【ツキノワグマ VU】

Ursus thibetanus

哺乳類　食肉目クマ科

1回の産仔数・産卵数	2	寿命までの生存率(%)	20%	ストレス・苦手・不安	ドングリ不足

自然を知り尽くし、自然と闘う生き方

アジアを代表するクマ。現生のクマの仲間は8種類と少なく、すべて絶滅に瀕しているが、そのうち2種類（ツキノワグマ、ヒグマ）も日本にいる。クマは攻撃力、パワーとも肉食動物最強で天敵がおらず、飢餓にも強く冬眠中の半年近く飲まず食わずでいられる。クマのオスは強引で乱暴なものが多く、メスへのプロポーズが下手くそで、子育てもしない。メスは冬眠中に出産し、授乳も寝ながらする。双子のことが多いが、この最強動物の最大の敵は自然で、山での転落事故やケガ、病気などで仔グマが生き残るチャンスは意外に低い。だから母親は仔グマをとても大切に育て1年半ほど共にくらす。オスは2〜3歳、メスは4歳でオトナになる。山の季節ごとの魅力を知り尽くし、すべての動物たちに一目おかれて、25年ほどの生涯を終える。

【タランチュラ NT】
Brachypelma smithi

―― クモ類　クモ目オオツチグモ科 ――

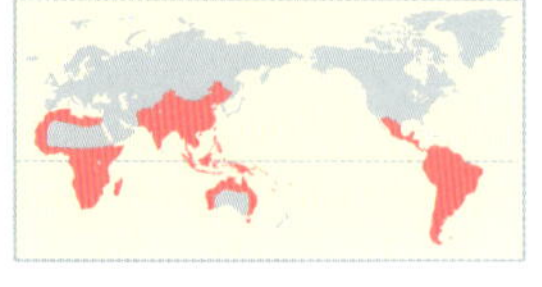

寿命 **20年**

1回の産仔数・産卵数	寿命までの生存率(%)	ストレス・苦手・不安
800	5%	オオベッコウバチ

1年以下 / 2年〜5年 / 5年〜10年 / 10年〜20年 / 20年〜30年

森を静かにながめてくらす生き方

誰の世話にもなりません。
ヒュウウウ…

タランチュラは、オオツチグモ科など網状の巣を張らない地面徘徊型の大きな毒グモの総称。世界各地に様々な種類がおり、ジャングルなどの地面でくらしている。毒グモと恐れられているが、人を殺すほどではなく、実は毒は消化液が変化したもので、体の外で溶かして食べている。半年ほど絶食しても大丈夫で貪欲ではなく、無理してエサはとらない。性格は大人しく臆病者。鳥などの天敵に見つからないようにじっと動かずに、8つの目で静かに森をながめている。とてもきれい好きで、よくグルーミングをして身だしなみを整え、糞や食べかすは決まった場所にまとめておくほどの几帳面。数回脱皮してオトナになると、オスはメスにエサと間違われないように忍びよって交尾をする。オスの寿命は1年しかないが、メスは20年以上の寿命がある。

コラム⑤

ペット・家畜の寿命

ペットや家畜は、人間が野生動物を飼い馴らして、食料にしたり、使役動物にしたり、愛玩動物にした動物たちです。私たちが生きるために、そして心を満たすために大切なパートナーとなりました。

	種名	寿命	原種	家畜化の起源
哺乳類	ウマ	約25年	ターパン(ヨーロッパ)	約5000年前
	ウシ	約20年	オーロックス(西南アジア)	約8000年前
	イヌ	約15年	タイリクオオカミ(中東)	約2万年前
	ネコ	約13年	リビアネコ(中東)	約8000年前
	ヤギ	約12年	パサン(西南アジア)	約1万年前
	ヒツジ	約12年	ムフロン(西南アジア)	約1万年前
	ブタ	約10年	イノシシ(西南アジア)	約1万年前
	フェレット	約7年	ヨーロッパケナガイタチ(ヨーロッパ)	約3000年前
	モルモット	約5年	パンパステンジクネズミ(南米)	約7000年前
	ハリネズミ	約5年	ヨツユビハリネズミ(アフリカ)	2000年頃
	ハムスター	約2年	シリアキヌゲネズミ(中東)	1930年頃
鳥類	アヒル	約15年	マガモ(ローマ)	約2000年前
	ニワトリ	約10年	セキショクヤケイ(東南アジア)	約4000年前
	セキセイインコ	約8年	セキセイインコ(オーストラリア)	1840年頃
	文鳥	約8年	ブンチョウ(インドネシア)	1700年頃
魚類	錦鯉	約70年	コイ(日本)	1900年頃
	金魚	約15年	ヒブナ(中国)	約1000年前
昆虫	ミツバチ(養蜂)	約3ヶ月	セイヨウミツバチ(エジプト)	約4500年前
	カイコ(養蚕)	約1.5ヶ月	クワコ(東アジア)	約5000年前

【ジャイアントパンダ VU】

Ailuropoda melanoleuca

哺乳類　食肉目クマ科

生息地

寿命 **20年**

1回の産仔数・産卵数	1
寿命までの生存率(%)	15%
ストレス・苦手・不安	竹の開花

自分の世界観を大切にする生き方

中国の四川省周辺にある4000m以上の雪深い高山でくらす。動物園で飼育する場合は、高山の環境を再現してクーラーで冷やしているが、暑がりで水風呂での半身浴を好む。本来、肉食動物なのに竹という植物を主食にした変わり者。争いごとが嫌いで、食料として人気のない竹を食べるようになり、天敵がいない高山でひとりでくらすことを選んだ。おかげでわずらわしいこと一切なしで、寝姿もだらしない。排卵が1年に数日しかないので、コドモができにくい上、恋愛にもガツガツしていない草食系。リスほどの大きさで生まれて、10日頃から少し白黒になる。育児は下手くそだが、母親はとても一生懸命大切に育て、遊び好きの子どもから目を離すことはない。1年半で親離れし、6歳でオトナになり、20年ほどの寿命をひっそりむかえる。

寿命

20年

1年以下
2年～5年
5年～10年
10年～20年

生息地

【コウテイペンギン NT】
Aptenodytes forsteri

鳥類　ペンギン目ペンギン科

1回の産仔数・産卵数	寿命までの生存率(%)	ストレス・苦手・不安
1	20%	ヒョウアザラシ

動物界一、ストイックな育メンの生き方

ペンギンは南極のイメージだが、全18種類のうち南極で繁殖するのはコウテイペンギンとアデリーペンギンの2種類だけで、あとは南極周辺ほか南半球でくらす。コウテイペンギンはペンギンの最大種。カップルになると南極の海岸から100km以上内陸まで歩いて行き卵をひとつ産む。それを父親が足の上に乗せて、2ヶ月(移動を含めると4ヶ月)以上飲まず食わずでマイナス60℃の猛吹雪の中でひたすら卵を温める。孵化する頃には、父親の体重は半分になる。エサを捕りに行っていた母親と育児を交代するが、数百キロ回遊するので戻りが遅いと、育児を交代した父親が海にたどり着く前に力尽きて死んでしまうこともある。子どもの頃は見た目が異なりクレイシという保育園にいる。5歳からオトナになり、20年くらいの寿命をまっとうする。

【 ビーバー LC 】
Castor canadensis

哺乳類　齧歯目ビーバー科

生息地

寿命
20年

1年以下
2年～5年
5年～10年
10年～20年

1回の産仔数・産卵数	5
寿命までの生存率(%)	20%
ストレス・苦手・不安	イタチ

仕事？趣味？クラフト大好きおじさんな生き方

北米とヨーロッパでくらす大型のネズミの仲間で、泳ぎが上手く水かきもある。大きな木を齧って削るので、歯が頑丈になるように鉄分を含んだ成分でコーティングされていてオレンジ色をしている。コドモは2歳くらいまでの家族でくらす。夫婦とその子どもたちの家族でくらす。コドモは2歳くらいまで同居し、3歳からオトナになる。家族の仲が良く、とりわけお父さんは、我が家のリフォームに余念がない。切り倒した枝で川をせき止め大きな池をつくり、その真ん中に枝で組んだドーム状の巣を作る。出入り口は水中なので、陸からも空からも敵が襲いにくい構造となっている。エサの貯蔵スペースや換気口までつくり、お父さんご自慢のマイホームだ。しかし家族そっちのけで、ダムと巣のリフォームに夢中になり、20年ほどの寿命の間に、建築物がつぎ足されてムダに大きくなる。

寿命

15年

1年以下

2年～5年

5年～10年

10年～20年

生息地

オオアリクイ VU

Myrmecophaga tridactyla

哺乳類　貧歯目アリクイ科

1回の産仔数・産卵数	寿命までの生存率(%)	ストレス・苦手・不安
1	20%	ジャガー

細かい作業が苦にならない生き方

南米の草原でくらす。巨大なアリ塚にいる豊富なアリやシロアリを主食としている。ヒモのような長い舌を高速に出し入れして、接着剤のような唾液にアリをつけて食べる。アリは蟻酸という毒を出して、不味いため多くの動物は食べないので独占できる。またアリが飲みこまれたときに攻撃用に出す蟻酸を使って、アリ自身を消化するため、哺乳類で唯一胃液を持たない。体の大きさに対して、脳が極端に小さいが、頭が悪いわけではない。1日にアリを3万匹食べるが、一度に食べつくさないように1回の食事は1分以内にして、別の巣を巡回する。アリ塚に舌を入れるのも、細かく丁寧に順番を考えて行う几帳面な性格。立ち上がって出産し、半年くらい成長すると母親が背中におんぶして移動する。3歳でオトナになり、15年くらいで一生を終える。

【ライオン VU】

Panthera leo

哺乳類　食肉目ネコ科

生息地

寿命 **15年**

1回の産仔数・産卵数	寿命までの生存率(%)	ストレス・苦手・不安
3	10%	他の群れのオス

1年以下 / 2年〜5年 / 5年〜10年 / 10年〜20年

百獣の王と呼ばれる苦労の多い生き方

アフリカから西アジア・インドでくらす。ライオンは戦いのパワーと強いメンタルを兼ね備えた文字通りの百獣の王といえる。とても攻撃的で気が短く、スキがないが絆も強くネコ科で唯一群れをつくる。赤ちゃんはヒョウ柄があり、オスは1歳くらいからタテガミが生え始め、3歳で生えそろいオトナになる。経験を積まないと群れを持てない。群れの1位のオスは、赤ちゃんライオンがイタズラしてお尻を噛んでも、痛いのをガマンして怒ることはない。このように感情とパワーをコントロールできる王にふさわしい行動をとる。ライバルのオスから群れを守るために気が休まらず、もし敗者として群れから追い出されると、ライオンは体が大きいので、ひとりで獲物を捕るのが難しく、その先に死が待っている。激動の15年間ほどの生涯を送る。

寿命

15年

1年以下
2年～5年
5年～10年
10年～20年

生息地

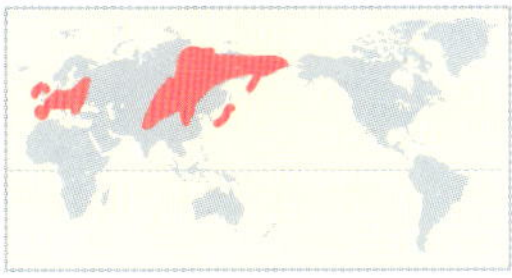

【カラス LC】

Corvus corone

鳥類　スズメ目カラス科

1回の産仔数・産卵数	寿命までの生存率(%)	ストレス・苦手・不安
4	25%	熱中症

多趣味で遊びを見つける天才な生き方

ハシボソガラスとハシブトガラスは、日本各地の街で見かけるカラス。この2種はよく似ているが、ハシブトガラスは、やや大きく力が勝り、小柄なハシボソガラスは、知恵が勝っている。ハシボソガラスは、遊び上手で、すべり台で滑って遊んだり、ゴルフボールでイタズラしたり、光りものを集めてコレクションしたりと、趣味が幅広い。また、グルメで、クチバシで割れないクルミは道路を通過する自動車にひかせてから食べたり、繁華街のおいしい生ゴミが出る日を把握している。春から夏前に巣作りをして、この時期は巣に近づくものは人間だろうと激しく攻撃する。美しい緑色の卵を4～5個産み、巣立った後は攻撃しなくなる。オトナになるまで3年ほどかかり、天敵はいないので、病気や事故にあわなければ15年くらいの生涯を送る。

【オオカミ LC】
Canis lupus

哺乳類　食肉目イヌ科

生息地

1回の産仔数・産卵数	寿命までの生存率(%)	ストレス・苦手・不安
5	20%	他の群れ

寿命 10年

1年以下　2年～5年　5年～10年　10年～20年

体育会系の厳しくも気持ちのイイ生き方

ユーラシア大陸、北米でくらすイヌ科最大級・最強動物。知能の高さと洗練された戦術で自分より大きな動物を仕留める。家族中心の群れだが、血縁関係でなくても、家族同様に受け入れ、固い絆で結ばれる。リーダーをトップに厳格な順位が決まっており、挨拶から歩き方まで、いちいちうるさい。一方で、リーダーは面倒見が良く、捨て身で仲間を助けるので、みんなの心の支えにもなっている。この習性を利用して、人類はオオカミを飼い慣らしてイヌをつくった。繁殖は基本的には群れの1位のオスとメスだけで、仲間は育児に積極的に協力する。1年でオトナと同じ大きさになるが、コドモをつくるのは2歳以降で、10年程の寿命を送る。ケンカやイジメで居心地が悪かったり、恋心や冒険心があるものは、群れを出ていく自由がある（一匹狼）。

コラム⑥

絶滅のスピード

ひとつの種で、生存しているものすべてが寿命を迎えることを、その種の『絶滅』といいます。ほかの競合する生物に負けてしまったり、病気が蔓延したり、天変地異が影響したり理由は様々です。明確な理由がわからないまま〝種としての寿命〟をむかえて、地球上から姿を消したものもたくさんいます。2億年近く地球上で大繁栄した恐竜のグループもその一つ。またネアンデルタール人などヒト以外の絶滅した人類もかつて数種類いました。

個別の死と同じで、絶滅はすべての生物に、いずれはおこる現象なので、回避することはできません。絶滅して生態系で空いた空席（ニッチ）を進化した別の生物が利用するようになり、地球上の空席はすぐに埋まります。

このように〝絶滅〟という自然現象は、これまでの地球の歴史を見ると、ある意味では〝健全〟と言えます。

ところが一つ注意しなくてはならないことがあります。それは絶滅の〝スピード〟です。巨大隕石が落ちて一夜にして大量絶滅したように語られる恐竜ですら、実は約1000年で1種類ずつ絶滅していきました。人類が世界中を移動するようになった大航海時代になると4年で1種絶滅、1900年になると1年で1種、1975年には1年で1000種、2000年には1年間に4万種が絶滅しています。この絶滅のスピードは、もはや〝健全〟とはいえない病的なスピードと言えるでしょう。これには人間の活動が影響していることが明らかになってきたので、様々な対策をとるようになってきました。

年代	絶滅のスピード
白亜紀後期	0.001種／年
1600～1900年	0.25種／年
1975年	1000種／年
2000年	40000種／年

出典：マイヤーズ『沈みゆく箱舟』1981

ノウサギ LC

Lepus brachyurus

哺乳類　ウサギ目ウサギ科

1回の産仔数・産卵数	寿命までの生存率(%)	ストレス・苦手・不安
2	1%	ワシ

寿命 10年

孤独を愛する生き方

日本ほかユーラシア、北米、アフリカでくらす野生のウサギ。ノウサギは草原などでくらし、巣穴を掘らず茂みなどにかくれている。広い場所は天敵の猛禽類に空から襲われる不安から強いストレスを感じてしまうので、狭い場所が落ち着く。柔らかく上質の毛皮は保温性が高く豪雪地帯でも暖かい。また同じ日本のノウサギでも東北地方などの豪雪地帯にいるトウホクノウサギは、冬になると毛が白く変化するが、雪が降らない地域のノウサギは白くならないので、冬の毛色で出身地がわかる。ウサギは、オスもメスも特定の相手を定めずに交尾をし、つがいにはならず生涯単独でくらす。コドモも生後1ヶ月でひとり立ちし、8ヶ月でオトナになる。10年ほど生きる能力があるが、実際には天敵も多く4年くらいの寿命となることが多い。

寿命
10年

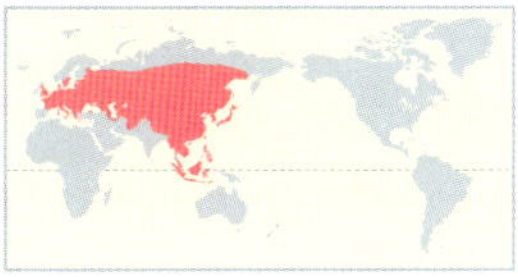

【スズメ LC】
Passer montanus

鳥類　スズメ目ハタオリドリ科

1回の産仔数・産卵数	5	寿命までの生存率(%)	1%	ストレス・苦手・不安	ネコ

1年以下
2年〜5年
5年〜10年

都会派で合コン好きな生き方

ユーラシア大陸周辺でくらす。山奥にはおらず、人間の生活圏を利用して生きている。そのくせ人間には用心深く、近くまで寄ってきても絶対に馴れない。巣は民家の雨どいや工事現場のパイプなど、直径3㎝程度の狭いすき間を利用するので、鳥の姿は見えても、巣を見つけることは意外と難しい。よく知られている鳥だが生態は謎が多い。近年はスズメも少子化で数を減らしている。その原因の一つは、合コンにこだわる婚活スタイルにあり、20つがい以上いないと繁殖しないという〝こじらせ〟鳥なのである。一方で、婚活で相手が見つからなかったものが、ほかのカップルのヒナにエサを運んでくるという保育ヘルパーもいる。産卵から孵化まで12日で、巣立ちまで2週間程度。寿命は調べられていないが、少なくとも10年程度は生きる力がある。

【カタツムリ】
Acusta despecta

貝類　有肺目オナジマイマイ科

1回の産仔数・産卵数	20	寿命までの生存率(%)	10%	ストレス・苦手・不安	クロバエ

寿命 **7年**

のろまだが婚活は万全な生き方

私は今日は女でいこう。あなたは？
じゃあ、私は男にしよっと。

カタツムリは水棲から進化した陸生の巻き貝の総称で世界に3万種、日本でも800種いる。ちなみにカタツムリがさらに進化して殻を退化させたものがナメクジである。ヌルヌルした粘膜で体が乾かないようにしているほか、乾燥すると貝の入り口を膜でフタをしてカタツムリにとって厳しい環境をしのぐ。移動が遅いので、出会いを大切にした生き方をし、足跡ともいえる粘膜の跡には、フェロモンが含まれている。また頭からも王冠のようなフェロモン発射装置が飛び出し、ニオイの分子は全身の粘膜でキャッチする。そして雌雄同体なので、オスとメスの役を両方がこなす。交尾前にラブ・ダート（恋矢）という針をお互い刺し合い気分を高める。数十個の卵を産み、数ヶ月でオトナのサイズになり、条件が良ければ7年以上生きる。

寿命
7年

生息地
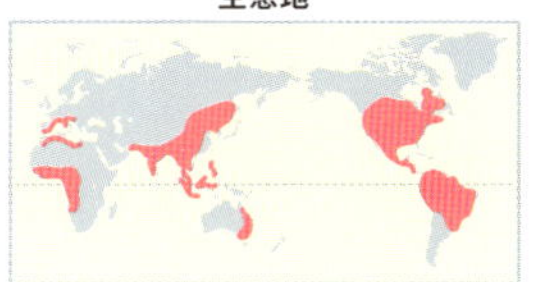

【セミ】
Graptopsaltria nigrofuscata
昆虫　半翅目セミ科

1回の産仔数・産卵数	寿命までの生存率(%)	ストレス・苦手・不安
300	10%	カラス

人知れず長寿な生き方

ジジジ…
ジー
子ども時代は楽しかったな…。

主に熱帯・亜熱帯の森林でくらし、世界に3000種類おり、日本には約30種類いる。カメムシの仲間で、針のような口で樹液を吸うのが特徴。また、大声で鳴くためにボリュームを大きくする共鳴室がお腹にある。ところで『セミは1週間の儚い命』と例えられるが、これは誤り。幼虫の期間が土中で7年ほどある。北米には幼虫の期間が17年のものもいる。セミは昆虫としては、驚異的な長寿と言える。成虫はあれほどいても、卵や幼虫を見つけることが難しく、生態が解明されていない部分が多い。多くのセミは卵を枯れ木に産み付け、翌年の梅雨頃に孵化し、木の根から養分を吸って成長する。成虫になるまでに4回脱皮する。無防備な羽化時に天敵にねらわれるので、夜に脱皮をして成虫になる。7年間で最も緊張する瞬間がそこにある。

【カメレオン LC】
Chamaeleo calyptratus

爬虫類　有鱗目カメレオン科

1回の産仔数・産卵数	寿命までの生存率(%)	ストレス・苦手・不安
40	15%	鳥

生息地

寿命 **5年**

1年以下
2年～5年
5年～10年

ものまね芸人な生き方

アフリカ・中東・インド周辺でくらすトカゲの仲間で世界に200種類いる。ほとんどの種類が樹上性で歩くのが苦手。そのかわり高性能な仕掛けが数多く標準装備されている。左右の目玉をバラバラに動かすことができる便利な目。動かずに離れた獲物を捕まえられる長く伸びる舌。そして極めつけは体色変化。背景の色や形を読み取って、自分の体の色や陰影を正確に瞬時に変化させることで姿を見つかりにくくして、獲物の虫たちを油断させる。じっとしていながら、常に風景を観察し、自らボディペインティングをするアーティストのようなものだ。狩りだけでなく、求愛や威嚇にも体色変化を使って表現する。2歳くらいでオトナになり20～80個の卵を産む。種類によっては卵胎生のものもいる。5年ほどでスローライフな寿命を終える。

寿命

5年

1年以下
2年～5年
5年～10年

生息地

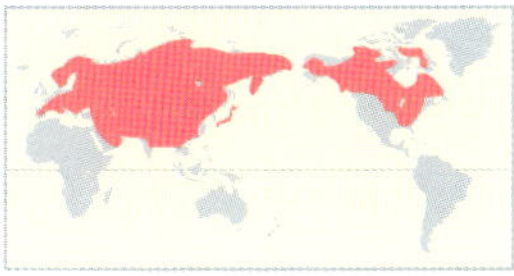

【キツネ LC】
Vulpes vulpes

哺乳類 食肉目イヌ科

1回の産仔数・産卵数	5	寿命までの生存率(%)	20%	ストレス・苦手・不安	イヌ

愛情タップリ、子育てに教育熱心な生き方

日本を含むユーラシア大陸、北米でくらすアカギツネが有名。イヌ科だがオオカミのような群れをつくらず、単独またはペアで狩りをする。繁殖期は冬で、メスに選択権があり、オス同士はメスを巡って争うが、強さだけでなく一緒に走ったりして息の合うオスをメスは選ぶ。夫婦の絆は強く、出産日が近づくと母親は巣穴にこもり、父親はエサを捕ってきてあげる。5頭ほどの赤ちゃんを産むと、5週目で巣穴から出てきて、10週目で完全に離乳する。10ヶ月でオトナになるが、春に生まれて秋までの半年で巣分かれする。楽しい時期を兄弟とすごし、親はやさしく見守っているが、ある日突然ひとり立ちさせるために、子どもたちを威嚇するようになる。戸惑いながら去って行く子どもたちを悲しげに見送って子育ては終わる。実に5年ほどの短い生涯。

イタチ NT

Mustela itatsi

哺乳類　食肉目イタチ科

生息地

寿命 5年

1回の産仔数・産卵数	寿命までの生存率(%)	ストレス・苦手・不安
5	15%	猛禽類

オトナになっても遊びが好きな生き方

イタチの仲間は、オーストラリアと南極を除くすべての大陸でくらしている。肉食動物でありながら小型なので、自分より大きな肉食動物や猛禽類に襲われるという、獲物を襲う側と襲われる側の両方の苦しい立場にある動物である。体は胴長短足なので、逃げ足は遅いが、狭い場所での小回りを得意としている。くわえて単独性なので頭を使った狩りが必要となるため、相手を油断させたり裏をかいたりとユニークな戦術家である。詐欺師呼ばわりや妖怪のモデルになっているのはそのためだ。一方で、性格は動物界一のひょうきんで明るく遊び好き。春に生まれて40日ほどで離乳し、2ヶ月でオトナの大きさになる。夏の終わりに巣別れしコドモだけの群れをつくって生活し、初冬には単独でオトナとして生活するようになる。寿命は5年ほど。

寿命

5年

1年以下 2年～5年

ハンターとして幼い頃から修行する生き方

生息地

【オニヤンマ NT】

Anotogaster sieboldii

昆虫　トンボ目オニヤンマ科

1回の産仔数・産卵数	2000	寿命までの生存率(%)	0.5%	ストレス・苦手・不安	魚・鳥

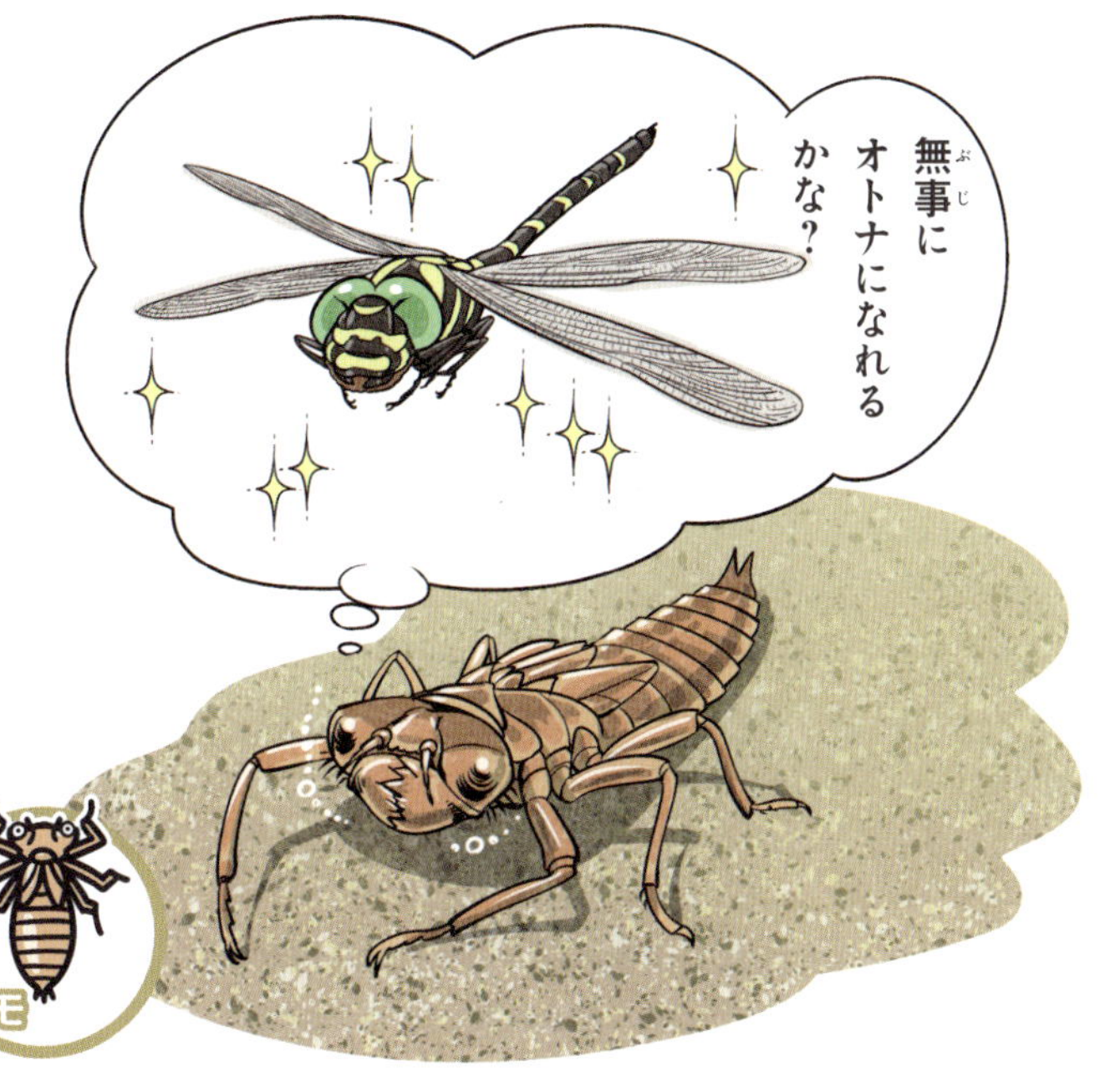

オトナ　コドモ

日本最大のトンボ。きれいな小川や森の木陰を好む。トンボは原始的な昆虫であるにも関わらず、初期から完成度が高く、高速飛行と静止飛行の両方を得意とし、ハエなどはトンボに狙われたら逃げることは不可能。コドモ時代のヤゴもすごいハンター。砂底にかくれて待ち伏せをし、上を通りかかった水生昆虫、小魚、オタマジャクシなどをアゴを伸ばして0・1秒くらいで瞬殺する。空でも水中でも第一級の殺し屋。オスの恋愛観もかなりワイルド。なわばりを空中で巡回し、ライバルが通りかかれば猛攻撃し、メスが通りかかれば捕まえて交尾をする。浅い水底に卵を産むと1ケ月ほどで孵化してヤゴになり、成虫まで5年かけて10回脱皮する。夏の晴れた夜に杭に登って羽化し、成虫で2ケ月ほどすごして一生を終える。子供時代の長い虫だ。

寿命

4年

1年以下 / 2年～5年

【ダンゴムシ】

Armadillidium vulgare

―― 甲殻類　等脚目オカダンゴムシ科 ――

生息地

1回の産仔数・産卵数	寿命までの生存率(%)	ストレス・苦手・不安
100	5%	鳥

非暴力、不服従な生き方

〝ムシ〟と名が付いているが、昆虫よりは陸に上がったエビに近い動物。落ち葉などを食べ、その糞が良質な土になるので、生態系としては地味だが重要な仕事を担っている。何かに驚くと体を丸めて団子のようになり、危険が去るのをひたすら待つという戦略。針で刺したり、噛みついたりして反撃する武器を一切持たず、みんなが嫌がる悪臭を放ったり、体内に毒を持つこともない。自分を襲うものすら傷つけたくないという、徹底して暴力を嫌う崇高な生き物。恋愛は情熱的で、オスがメスを追いかけて背中に乗っかりメスの顔をなで回す。メスも気持ちを確かめるために簡単には受け入れない。卵はカンガルーのような保育嚢で孵化させ、白い小さなダンゴムシが100匹ほど誕生する。運が良ければ脱皮をくり返して4年ほど生きる。

寿命
3年

1年以下
2年～5年

朽ち木がある豊かな森が必要な生き方

生息地
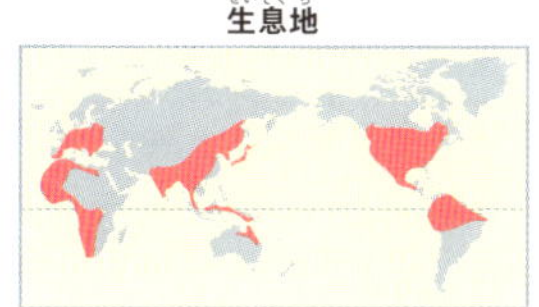

【クワガタムシ VU】
Dorcus hopei

―― 昆虫　コウチュウ目クワガタムシ科 ――

1回の産仔数・産卵数	寿命までの生存率(%)	ストレス・苦手・不安
50	5%	カラス

世界には1500種類いて、その⅔が東南アジアでくらす。日本には40種近くいる。〝昆虫の王様〟としてカブトムシと人気を二分しているが、その生き様はちがう。カブトムシの幼虫はエサとして落ち葉が腐った腐葉土を好むのに対して、クワガタは朽ち木を食べる。葉を土にするか、木を土にするか、ここでも森の〝職人〟対決が始まっている。恋愛観も違いがあり、カブトムシは、オスもメスもお互いに選り好みせず、すぐ交尾するのに対して、クワガタのオスは自分の強さをアピールしたくて、うっかりメスを投げ飛ばしてしまうおっちょこちょいなところがある。カブトムシは幼虫で越冬して、羽化した成虫は初秋までに死んでしまうのに対して、クワガタは成虫で越冬できるので寿命は長く、オオクワガタなら3年以上生きることができる。

【ウスバカゲロウ】

Hagenomyia micans

— 昆虫　アミメカゲロウ目ウスバカゲロウ科 —

生息地

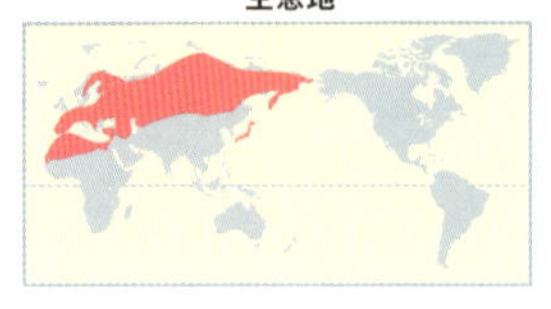
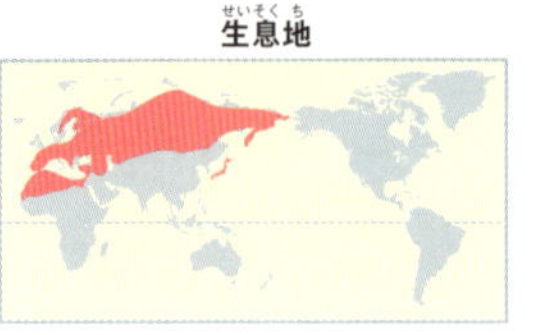

寿命 3年

1回の産仔数・産卵数	20
寿命までの生存率(%)	5%
ストレス・苦手・不安	クモ

1年以下 / 2年～5年

不良から更正して華麗に大変身な生き方

日本全国で夏にみかける虫。トンボに似ているが、弱々しくゆらゆらと可憐に飛ぶ姿で、数日の短命な生き物に例えられているが、実際には成虫でも3週間ほどは生きる。さらに幼虫期は長く、3年近く幼虫でいる。その幼虫には特別な名前がついていて、その名もアリジゴク。砂地にすり鉢状の巣を作って隠れて待ち伏せし、アリが通りかかると恐怖を味あわせながら地獄に引きずり込むのである。必死にはい上がろうとするアリに次々と砂をぶつけて、滑り落ちるようにしむける。滑り落ちてきたアリを大きなアゴではさみ、体液を吸った後は死体をポイっと投げ捨てる非情の殺し屋である（コドモなのに…）。羽化してウスバカゲロウになると、改心してか（？）ほとんど飲まず食わずになる…。見た目も性格も大きく生まれ変わる3年の生涯をおくる。

出産まで代わりにする育メンな生き方

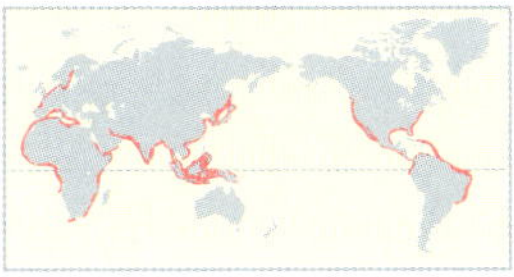

【タツノオトシゴ】
Hippocampus abdominalis

魚類　トゲウオ目ヨウジウオ科

生息地

1回の産仔数・産卵数	寿命までの生存率(%)	ストレス・苦手・不安
50	10%	魚

パパが出産するんです…。

熱帯から温帯の浅い海でくらす。その魚とは思えない姿から〝竜の落とし子〟という名がつき、世界には50種類以上、日本近海では8種類いる。魚の中で最も泳ぎが遅く、尾ビレを海草に巻き付けて流されないようにしたり、おちょぼ口でプランクトンを吸う食べ方など、流儀が常識にとらわれない自分流。寿命は2年前後で、特にスゴイのが、オスが代理出産することだ。メスが産んだ卵をオスはカンガルーのように稚魚になるまで育てる。メスが輸卵管をオスの育児嚢に差し込んで卵を50個ほど産みつけると、オスのお腹が大きくなる。メスはどこかに行ってしまうが、オスは2～3週間孵化するまで卵をお腹の中で大切に守り、稚魚になるとオスは力んで『ヒー、ヒー、フー』という感じで苦しそうに稚魚を育児嚢から出産して大役を終える。

寿命
2年

【ジャコウネズミ LC】
Suncus murinus

哺乳類　食虫目トガリネズミ科

生息地

1回の産仔数・産卵数 5

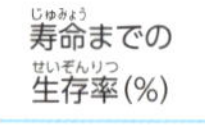

寿命までの生存率(%) 5%

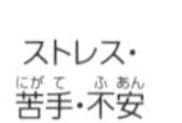

ストレス・苦手・不安 ヘビ

小さいけどセレブな生き方

東南アジア原産で森林などでくらす動物。〝ネズミ〟と名が付いているが、ネズミの仲間とは遠縁の原始的な哺乳類で、モグラの仲間。ミミズや虫などを食べる小さな肉食動物。寿命は2年以下と短く、運動神経はあまり良くないが、育児は得意で親子の絆が強い。特に危険な場所では、親の尾の付け根にかみついてコドモたち5～6匹が一列に連なり、幼児の電車ごっこのようにして、はぐれないように移動する（キャラバン行動）。一方で、ジャコウネズミは揺れに弱く、揺れが長く続くと車酔いのようになり、吐いてしまう。毛質は動物界で最も美しく、その光沢と柔らかさはビロードのようである。くわえて、脇腹にジャコウ腺という匂いを出す分泌腺があり、薄めると甘い匂いになる。人間世界ではうらやましい高級毛皮と香水を身にまとっている。

寿命

2年

1年以下
2年～5年

1日のありがたみを感謝したくなる生き方

生息地

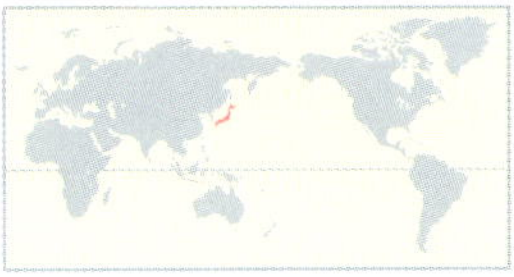

【アカネズミ LC】

Apodemus speciosus

哺乳類 齧歯目ネズミ科

1回の産仔数・産卵数	寿命までの生存率(%)	ストレス・苦手・不安
5	10%	ヘビ

日本にしかいない固有種で、北海道から九州まで全国の野山にいる小型のネズミ。広く分布しているわりには、農作物や森林などの被害はあまりない。森林や田畑、河原のヤブなどでくらし、土中に穴を掘って巣を作る。モグラと違い、住まいにはこだわりがあり、枯れ草などを敷き詰めてレイアウトする。夜行性で木には登らず植物の種などを探して食べている。クルミやドングリなどが好物で、リスのように手に持ってお行儀よく食べる。秋には冬の食料として巣に木の実を溜め込む。群れずに単独で活動する。メスはオスよりも気が強く、ふだんはオスを近寄らせずに追い払う。1回に3～6頭産み、育児が得意で面倒見がとても良い。しかし、キツネ、イタチ、猛禽類、ヘビなど周囲は天敵だらけで、寿命の2年を生きのびるのはとても大変。

【 セッケイカワゲラ 】
Eocapnia nivalis

—— 昆虫　カワゲラ目クロカワゲラ科 ——

生息地

寿命
1年

1回の産仔数・産卵数	不明	寿命までの生存率(%)	不明	ストレス・苦手・不安	暑さ

1年以下

冬山を愛しすぎる生き方

カワゲラの仲間は、最も原始的な昆虫のひとつで、幼虫は川などで2~3年くらし、成虫は夏に羽化してから3日~2週間程度の寿命で、交尾してすぐ死んでしまうのが特徴。なかでも変わり者は雪虫とも呼ばれているセッケイカワゲラ。2~3月の高山の雪の上を元気に歩き回って、原生動物ほか食べられるものなら何でも食べる。寒さに強いのではなく、寒くないと動けないほどの暑がりで、捕まえて手に乗せると、体温で痙攣して死にかけてしまう。一般的に越冬する虫は、寒いので冬眠するが、セッケイカワゲラにとっては夏が暑いので卵や幼虫として夏眠し、真冬に羽化して1ヶ月ほどモリモリ活動する。成虫は羽がないので雪上をひたすら歩いて雪渓を登山する。まだ寒さが残る初春に交尾と産卵をし、寿命を終える。山に魅せられた一生である。

生息地

【カブトムシ】
Trypoxylus dichotomus

昆虫　コウチュウ目コガネムシ科

1回の産仔数・産卵数	寿命までの生存率(%)	ストレス・苦手・不安
25	15%	幼虫はモグラ

食欲が強さの源…という生き方

東アジアでくらす子どもたちに人気の昆虫王。何にでも遠慮しない性格で、特に食欲はすごい。それもそのはず、昆虫は外側に骨があるので、脱皮して成虫として外側が固まると、あとはどんなに食べても1㎜も成長できない。大きくなるためには、蛹になる前のやわらかい幼虫のうちにたくさん食べておかなくてはならない。幼虫は〝王〟の子らしからぬ、腐った葉や家畜の糞など、ややばっちいものが大好物だ。夏に生まれ幼虫のまま冬を越し、次の春以降に蛹になり、夏には羽化して地上に出るが、秋には死んでしまう1年の命。成虫も食欲旺盛で、樹液や熟れた果実に群がり、ほかを押しのけむさぼり食う。食欲が満たされると、そばにいるメスとすぐ交尾する。その時には大きいものが有利になるので、小さい頃からの食欲の重要さを思い知る。

【カ】

Culex pipiens

昆虫　双翅目カ科

1回の産仔数・産卵数	寿命までの生存率(%)	ストレス・苦手・不安
100	30%	トンボ

寿命
60日

1年以下

もらった血はわずかでも、嫌われてしまう生き方

世界に3000種類いる小さな吸血昆虫。日本には約100種類がいる。我々の身近にいる数種類のカだけでも、運動能力や活動範囲、性格が全く異なり、実はとてもユニークな虫だ。水面に卵を産み付け、数日で幼虫（ボウフラ）に孵化する。種類によっては、ペットボトルのキャップ分くらいの水があれば卵から成虫になれるものもいる。血を吸うときに血液が固まらないようにする唾液を注入するので、そのアレルギー反応がかゆみを引き起こす。これが人間に嫌われる理由だが、血を吸う種類は全体の⅔ほど。しかも吸血するのは産卵前のメスのみで、卵を発達させるためのタンパク質を血液からとっている。オスは血を吸うことはなく、花の蜜を吸っているかわいい虫なのだ。しかもメスの寿命は2ヶ月ほどに対して、オスは10日ほど…。

寿命

40日

1年以下

生息地

【アゲハチョウ】

Papilio xuthus

昆虫　鱗翅目アゲハチョウ科

1回の産仔数・産卵数	寿命までの生存率(%)	ストレス・苦手・不安
200	10%	鳥

コーディネート大好きな生き方

アゲハチョウ科は熱帯地方に多いが、南極以外のすべての大陸でくらしている大きな美しいチョウ。世界には550種ほどいる。日本でもナミアゲハなどが身近にいる。チョウは完全変態というユニークな生育過程をおくる。卵、幼虫、蛹、成虫と全く異なる生物のように見た目も食べものも次々変化する。幼虫は足が遅く、天敵に襲われやすい。そこでアゲハチョウは天敵の天敵、つまり小鳥の天敵のヘビに化けて襲われないように演技する。ヘビに似せた目玉模様まであしらっている。もっと小さい頃の幼虫は、小鳥が食べたくないもの…つまり鳥の糞に擬態しているのだ。蛹も考えている。夏までに成虫になれる蛹は草と同じ緑色になり、出遅れて冬を迎えることになった蛹は枯葉色をして春を待つ。時と場所に合わせたコーディネート上手な虫。

ミクロの世界の猛者な生き方

【 クマムシ 】
Milnesium tardigradum

— 無脊椎動物　遠爪目オニクマムシ科 —

1回の産仔数・産卵数	7	寿命までの生存率(%)	50%	ストレス・苦手・不安	乾燥

過酷な条件に強いけど、寿命は1ヶ月と短い。

緩歩動物というグループの微生物で、世界に1000種類以上いる。大きくても1㎜に満たない大きさで、我々に身近な種類では、コケの中で体液などを吸って生きている。この生物は〝最強〟と称されることがある。それは、151℃の高温から絶対零度のマイナス273℃の極低温を耐え、真空から7・5万気圧の高圧まで耐え、放射線の致死線量はヒトの1000倍以上でもOK。乾眠（乾燥状態での仮死状態）は120年以上でも生き返る。体重の85％を占める水分が3％以下になっても死なない。などなど強烈な武勇伝の持ち主なのだ。まるで死なないかのような屈強な生物だが、実際には寿命は1ヶ月程度。雌雄異体だがメスの方が圧倒的に多く存在する。まれにオスが生まれるが、交尾能力がないので、何のために生まれてくるのか謎。

1年以下

天然クローンな生き方

プラナリア

Dugesia japonica

無脊椎動物 ウズムシ目サンカクアタマウズムシ科

1回の産仔数・産卵数	卵15個または分裂	寿命までの生存率(%)	50%	ストレス・苦手・不安	水質

きれいな川底の落ち葉や石の裏などにいる2㎝ほどの小さな原生動物。和名はウズムシ。つぶらな瞳がかわいらしいが、口はお腹の真ん中にあり、水生昆虫などを食べる小さな肉食動物。脳を持つ動物としては最も原始的。肛門は無いので、食べた口からウンチをする。雌雄同体。理科の再生の実験でも有名で、二つに切っても死なずに2匹になって活動する。しかし野生では2匹いれば有性生殖をし、卵を産んで増える。水質や環境が悪くなると分裂して2匹になるが、小さくなって少ない資源を有効活用するチャンスに賭けているためで、環境悪化を乗り越えられずに死ぬものも少なくない。実験下でも気をつけないと、切った部分から自分の消化液によって溶けて死んでしまう。不死身のクローン生物も野生では1ヶ月程度で簡単に死んでしまう。

寿命

90日

1年以下

【ミツバチ】

Apis mellifera

昆虫　膜翅目ミツバチ科

1回の産仔数・産卵数	3000	寿命までの生存率(%)	50%	ストレス・苦手・不安	スズメバチ

働くことに生きがいを感じる生き方

昆虫の中で最も進化しているものがミツバチ。その理由は高度な社会性にある。数百〜数万匹でひとつのコロニーを形成しているが、卵を産めるのは女王蜂ただ1匹のみ。オスは繁殖期以外はほとんど生まれないので、残りのメンバーは働き蜂で、すべてメス。働き蜂は、女王蜂がいる限り産卵せず、自らの仕事を全うして死んでいく。長くても3ヶ月ほどの寿命。実は女王蜂は働き蜂と姉妹関係にあり、幼虫時代に働き蜂が作ったロイヤルゼリーを食べて育ったものだけが唯一女王となる。寿命はなんと4年も生きるが、ひたすら卵を産むだけの仕事。働き蜂は経験によって仕事が変わり、はじめは掃除や育児など巣の中で働き、経験を積むと門番やエサを探しに行く外回りを担当する。オスは一切家事手伝いをせず、攻撃用の針もないタダ飯食い。

コラム⑦

人間の寿命

最後に私たちヒトの寿命は、これから長くなるのでしょうか？　短くなるのでしょうか？　初期人類の寿命は30代前半程度でした。日々の寒暖差をしのぎ、氷河期も生きぬいてきました。力が弱く、逃げ足の遅いヒトは、猛獣たちの格好の獲物でした。2万年前には、オオカミを品種改良してイヌをつくり、猛獣から身を守る用心棒にしました。次いで野生動物から家畜を作ったり、稲作をはじめることで、食料がかなり安定してきました。

それ以降、この数百年は50年ほどの寿命で、人間の力で解決できない病気や天候不順などは、世界各地で宗教として、神様にお祈りするしかありませんでした。

近年科学技術を中心とした文明が進歩して、食べもの、住まい、医療などの進歩で短期間で飛躍的に寿命が伸びました。技術的には臓器や皮膚も取り替えたりすることができるようになり、義手や義足なども、激しい運動競技ができるほどの高性能なものができてきました。遺伝子操作で病気を発症しないようにしたり、寿命を延ばすような操作も将来できることでしょう。医療の進歩だけでなく、少なくとも今の日本では飢え死にすることもないような社会システムができつつあります。このように科学技術と社会システムによって我が国は短期間で飛躍的に寿命が長くなりました。

一方で、喜んでばかりもいられません。自殺、殺人、交通事故死、戦争といったほかの動物社会にはない深刻な死因が世界中に増えてきています。科学の力で寿命を延ばすことよりも、このような死因を減らすことこそ、ほかの動物にはできない行動と信じています。

古来より、人々は〝永遠の命〟を追い求めてきましたが、実は命の価値は、寿命の長さではないということを、動物たちの生態から学ぶことができそうです。

さくいん

新宅広二（しんたく・こうじ）

1968年生。専門は動物行動学と教育工学で、大学院修了後、上野動物園勤務。その後、国内外のフィールドワークを含め400種類以上の野生動物の生態や飼育方法を修得。狩猟免許も持つ。大学で20年以上教鞭をとる。監修業では国内外のネイチャー・ドキュメンタリー映画や科学番組など300作品以上てがけるほか、動物園・水族館・博物館のプロデュースも実績がある。著書は動物図鑑の執筆・監修など多数。

イラスト —— イシダコウ
ブックデザイン —— 長谷川 理
編集 —— 新宅広二、瀧澤能章（東京書籍）
校正 —— 株式会社東京出版サービスセンター

いきもの寿命ずかん
コドモからオトナまで楽しめる「動物たちの生き様カタログ」
2018年9月8日　第1刷発行

著　者　新宅広二
発行者　千石雅仁
発行所　東京書籍株式会社
〒114-8524　東京都北区堀船2-17-1
電話　03-5390-7531（営業）
03-5390-7505（編集）
印刷・製本　図書印刷株式会社
ISBN978-4-487-81153-3 C8045